imaginist

想象另一种可能

理
想
国
imaginist

[美]瓦尔特·辛诺特-阿姆斯特朗 著　孙唯瀚 译

by
Walter Sinnott-Armstrong

如何好好讲道理

理性 ｜ 思考 ｜ 的艺术

民主与建设出版社
·北京·

© 民主与建设出版社，2021

图书在版编目 (CIP) 数据

理性思考的艺术：如何好好讲道理 / (美) 瓦尔特·
辛诺特－阿姆斯特朗著；孙唯瀚译 . — 北京：民主与
建设出版社，2021.7

书名原文：THINK AGAIN : HOW TO REASON AND ARGUE

ISBN 978-7-5139-3610-1

Ⅰ . ①理… Ⅱ . ①瓦… ②孙… Ⅲ . ①逻辑思维—研

究 Ⅳ . ① B804.1

中国版本图书馆 CIP 数据核字 (2021) 第 149916 号

Think Again: How to Reason and Argue
By Walter Sinnott-Armstrong
Text copyright © Walter Sinnott-Armstrong, 2018
First published in Great Britain in the English language by Penguin Books Ltd.
Published under licence from Penguin Books Ltd. Penguin（企鹅）and the
Penguin logo are trademarks of Penguin Books Ltd.
The author has asserted his moral rights.
All rights reserved.
封底凡无企鹅防伪标识者均属未经授权之非法版本。

北京市版权局著作权合同登记号 图字：01-2021-4031

理性思考的艺术：如何好好讲道理
LIXING SIKAO DE YISHU RUHE HAOHAO JIANG DAOLI

著　　者	[美] 瓦尔特·辛诺特－阿姆斯特朗	
译　　者	孙唯瀚	
责任编辑	王　颂	
封面设计	董茹嘉	
出版发行	民主与建设出版社有限责任公司	
电　　话	（010）59417747　59419778	
社　　址	北京市海淀区西三环中路 10 号望海楼 E 座 7 层	
邮　　编	100142	
印　　刷	山东韵杰文化科技有限公司	
版　　次	2021 年 7 月第 1 版	
印　　次	2021 年 8 月第 1 次印刷	
开　　本	880 毫米 ×1230 毫米　　1/32	
印　　张	9	
字　　数	176 千字	
书　　号	ISBN 978-7-5139-3610-1	
定　　价	48.00 元	

注：如有印、装质量问题，请与出版社联系。

献给

斯泰茜·麦耶斯（Stacey Meyers）、

莉萨·奥尔兹（Lisa Olds）、

黛安娜·马斯特斯（Diane Masters）

以及

所有无名女英雄们，

是她们让我能够做我想做的事。

前　言

我为什么要写这本书

　　我在曾经任教的达特茅斯学院（Dartmouth College）以及现在任教的杜克大学教授理性思考和论证（reason and argument）课程超过 35 年。许多学生告诉我，我的课程给他们生活的各个方面都带来了帮助。正是他们激励着我继续教授这门课程。

　　尽管我的学生学会了论证，但世界上还有许多人并未掌握这项技能。如今，在政治领域以及个人生活中，人们的交流和沟通水平已经达到新低。每逢美国选举年，我的课程总会讨论总统选举辩论中的论证例子。在 20 世纪 80 年代，我在双方辩论中不难找到论证的例子。然而，时至今日，我所能找到的都是口号、断言、笑话和调侃，真正的论证很少。我看到的只有敷衍塞责、贬低、谩骂、谴责和回避问题，而不是在重要问题上进行的真正的交锋。如今的街头抗议可能比 20 世纪 60 年代要少，但人们依然很少认真尝试共同理性思考并理解他人的观点。

由此，我不禁会得出一个结论——我们的文化，就像我的学生一样，可以从大量的理性思考和论证中受益良多。当我于2010年到杜克大学工作时，我有机会通过"慕课"（Massive Open Online Courses，简称 MOOCs，即大规模开放在线课程）这个神奇的媒介，与更多听众接触。我和我的朋友拉姆·内塔（Ram Neta）一起教授了一门慕课——Coursera 平台上的"理性思考的艺术"（Think Again）课程。这门课吸引了来自全球150多个国家的80多万名学生。这种令人震惊的反响让我深信，全世界都在渴望学习如何理性思考和论证。当然，并不是所有学生都完成了这门课程，更不是所有学生都学会了如何恰当地进行论证——但的确有很多学生做到了。我希望他们的新技能会有助于他们理解他人，并更好地与他人进行合作。

你手中（或屏幕上）的这本书正是朝着这个方向迈出的坚实一步。这本书的目标是展示什么是论证，以及论证能够为我们带来什么好处。这本书的主题并不是关于赢得辩论或击败对手的。相反，它是关于如何理解他人、如何重视有力的证据的。这本书教授的是逻辑而不是修辞伎俩。

尽管本书最初打算写成一本关于如何论证的手册，但我意识到，我需要先解释一下人们为什么要论证。这种关于动机的讨论成为了本书的第一部分——为什么要论证。关于如何论证的内容就变成了本书的第二部分。第三部分则补充概述了如何不去论证。在本书的最后，我希望你既有意愿也有能力进行论证、评估论据，同时能成为他人的动力和榜样，让他人和你一起参与到有建设性的讨论中来。这些技能不仅可以改善你的生活，还可以改善我们共同生活的社会。

目 录

我们的文化困境

灾害威胁着我们的世界——战争持续不断；恐怖主义屡见不鲜；移民寻求庇护；贫穷问题日趋极端；不平等现象日益严重；种族紧张局势不断加剧；女性遭受虐待；气候变化危机迫在眉睫；疾病肆虐；医疗费用飙升；学校环境日渐恶化；新闻让我们不堪重负，意志消沉。

这些危机的范围广泛，规模巨大。由于各种危机极为庞杂，如果没有广泛的合作，这些问题都不可能得到解决。事实上，真正的解决办法需要不同群体之间的合作，这些群体在信仰和价值观念上可能存在冲突。好战分子需要停止战争，种族主义者需要停止歧视，无知的愚人需要了解基本事实。除此之外，对于我们这些既不是好战分子也不是种族主义者或愚人的人，尽管我们之间存在分歧和异议，但也需要共同努力。除非一批目标和预设不同的国家，在难民问题的本质和解决方法上达成一致，然后一起说服每个人都尽自己的最大力量，否则难民问题不可能得到解决。除非全世界各国都承认气候变化问题的存在，然后减少本国温室气体的排放，否则气候变化问题不可能得到解决。除非每个国家都拒绝向恐怖分子提供安全庇护，否则恐怖主义就不可能被彻底消灭。仅仅靠一个人甚至一个国家决定应当做些什么，然后单独行动，是永远不够的。他们还需要说服更多人或更多国家加入进来。

这一点是显而易见的。不太明显的是，为什么有智慧和爱心的人不这样做？为什么他们不合作来努力解决这些共同问题？当代科学赋予了我们学习、交流和控制未来的非凡能力。然而，我们却没有妥善运用这些能力。迫在眉睫的事情如此之多，我们所做的事情却少之又少！即使一些不幸的群体受到的伤害比其他群体大得多，但这些同样的问题对争论双方的每个人来说都有害。然而，各国的政治家，甚至同一国家的政治家们，对这些问题却是牢骚满腹而不是携手合作，暗中破坏而不是大力支持，干扰打断而不是耐心倾听，划定界限而不是做出妥协从而达成共识。政治家们不仅没能解决问题，反而还在增加问题，或者他们明知自己提出的解决方案会被对手立马拒绝却还在这样做。当然，也存在一些例外——特别是关于气候变化问题的《巴黎协定》（Paris Agreement），这体现了各国如何通过共同努力解决问题，但这种合作实在是太少了。

不仅在政治上是如此。脸书（Facebook）、Skype、Snapchat、智能手机和互联网，使全球各地的交流，比以往任何时候都要容易得多，而且的确有许多人花了很多时间与朋友聊天。尽管如此，这些交流几乎只出现在具有相似世界观的盟友和小圈子中。此外，互联网上的论述水平也达到了新的低点。许多复杂的问题被简化为 140 个字符的推特（Twitter）文字或更短的话题标签和口号。即使是经过深思熟虑的推文和博客文章，也经常受到"网络喷子"（internet troll）的蔑视、嘲讽、取笑和谩骂。温和的意见在网上遭遇到的是故作机智的过度侮辱，这些言论还故意传播对他人意见的曲解。网络让大量批评者更容易快速、恶毒且不假思索地进行攻击。这种新媒介和新文化鼓励人们在网络上发表咄咄逼人的激烈言论，而不是谦逊平和的表达，这使得几乎没有人愿意再表现出关心他人或谨慎行事，重视公平或事实真相，以及表现出值得信赖或深思熟虑。网络上空洞无物的花言巧语获得了越来越多的"点赞"，而理性思考却得到越来越多的"不喜欢"。本应是我们工具的媒介，却塑造了我们的行动和目标。

当然，这种黑暗的图景并非总是如此，然而，这种描述有时候的确很准确，而且特别常见。这些不同的问题，有许多在很大程度上源于同一个问题——人们缺乏相互理解。有时候，人们避免与对手交流。即便他们进行交谈，也很少会就重要问题进行深入的思想交流。因此，他们想不明白为什么别人会相信他们所说的话。政治家们不能齐心协力工作，至少部分原因是他们不理解对手。如果不理解为什么必须要承担一些责任，那么他们永远都不会同意承担起属于自己的那份职责。

以上缺乏相互理解的情况，有时可能是由于世界观不一致或对双方冲突的预设而导致的无法理解对手。然而，政治对手间往往甚至都不去尝试理解对手，其中部分原因是，他们认为与对手接触以及保持公允，对他们来说无法取得个人或政治利益。事实上，他们往往都带有强烈的动机，既不去接触对手，也不去公允地对待对手。推特用户和博客博主之所以在互联网上口无遮拦地发言，是因为他们的目标是为他们的笑话和嘲讽博得"点赞"。要是他们在互联网上尝试保持理性客观地看待对手的观点，就很少会获得如此强烈的反响。既然他们认定自己的尝试一定会失败，而且得不到任何回报，那么他们又何必去尝试理解对手呢？诚然，在推特和互联网上的确存在许多有趣而有见地的对话，但大量潜伏的"网络喷子"也吓跑了许多潜在的内容创作者。

当他们放弃理解对手时，他们就会转而故意误解和曲解对手。对一个问题存在巨大分歧的双方，反复把自己的观点强加给对手，然后再反驳或打趣道："我无法想象他们为什么会这么想。"当然，他们无法想象对手为什么会这样想。他们之所以这样编排对手的观点，正是为了让那些观点显得愚蠢。他们知道或应当知道自己正在歪曲对手的观点，但他们对此并不在意。他们的目的并不是为了说服对手，也不是要理解对手的立场。他们只想通过辱骂对手来取悦赞同自己的盟友。

这些态度破坏了人与人之间的尊重、联结与合作。人际交流变成了：你坚持你的立场，我坚持我的立场。我无法理解你为何会如此盲目，你不知道我为何会如此固执。我不尊重你的观点，你也以牙还牙。我们互相谩骂，互相鄙视。我不想和你见面，你不想和我打交道。我拒绝妥协，你也是如此。我们都不愿意接受任何一种有可能的合作。任何事情都没有一丝进展。

我们是如何变成这样的？

我们怎么会掉入这个文化深洞中？我们如何才能爬出来？当然，要说清楚这个问题很复杂。像文化这样范围广阔又错综复杂的事物，必然存在许多的方面和影响。这些问题不应过于简单化地一概而论，但如果要一下子面面俱到地讨论所有这些复杂的问题，就会令人感到力不从心。因此，这本小书将只强调并探讨这个问题的一部分。我之所以着眼于这一点，是因为它常常被人们忽视，还因为它是根本性的问题，同时它也在我的专业知识范围之内，而且我们每个人都可以在各自的生活中为此做些什么，而不必等待政治家和文化领袖采取行动。我们现在就可以开始着手解决这个问题。

我的答案是，现在很多人已经不再为自己支持的观点给出理由，也不再为反对的立场寻找理由了。即使他们给出和接受各种理由，也是以一种充满偏见且缺乏批判性的方式进行的，故而他们无法真正理解辩论双方任何一方的理由。这些人也常常宣称，他们的立场已经足够明显，以至任何知道他们在说什么的人，都会同意他们的观点。如果真的是这样，对手一定不

知道他们在说什么。甚至在对手开始说话之前，这些人就已经
自信地认为，他们的对手一定都思维混乱或得到了错误的信息，
甚至是一群疯子。他们贬低对手，称对手愚蠢到根本不可能有
任何理由支持自己的观点。然后，他们又阴阳怪气地认为，无
论怎样，理性思考都不会有任何好处，因为他们的对手只受情
绪的驱使——恐惧、愤怒、仇恨、贪婪或盲目的同情心，而并
不在乎真相或对自己这方来说很重要的价值观。因此，选举的
决定性因素是谁得到了最多选民的支持，而这也许是取决于谁
创造出了最振奋人心或最幽默的竞选广告和口号，而不是谁为
自己的政策给出了最有力的支持理由。这种策略无法帮助我们
走出困境。

我们需要阐述和理解双方的理由。我们需要向对方给出支
持我们观点的理由，并要求他们也给出自己的理由。如果不就
理由进行交流，我们就无法理解对方。如果不理解对方，我们
就不知道应当如何妥协或合作。如果没有合作，我们就无法解
决我们的问题。如果不解决我们的问题，我们的生活就会变得
更糟。

我们如何摆脱这种状态？

对于这个问题的分析，为我们指出了一个解决方案——我
们都需要更多、更好的沟通。这其中关键的一步是少妄下论断，
多提出问题。而最有用的问题，就是我们为什么相信自己所信

的事情，以及我们的提议将如何实现。这些问题需要人们给出各种不同的理由，所以我们尤其需要学会如何要求对手给出理由。不过，仅仅提出请求本身还远远不够。如果没有人能够给出理由，那么即便是提出给出理由的请求也无济于事。回答应当以论证的形式来表述我们的理由。因此，我们要学会当被要求给出理由时，如何给出适当的论证，如何理解他人的论证，以及如何发现自己和他人论证中的弱点。我将在下文中开始尝试给出这方面的一些内容。

这些内容需要从大致了解什么是理由和论证开始。第六章将更详细地阐述这方面的内容，但我们应该从一开始就摈弃一些常见的误解。许多人误以为理由和论证是战争中的武器，或者至少是辩论等竞赛中的武器。这与我在这里所讲的内容相去甚远，因为战争和竞争并不能帮助我们齐心协力解决问题。

恰恰相反，我所讲的理由和论证，是一种增进相互理解的尝试。当我给你一个理由来证明我的主张时，我的理由会帮助你理解为什么我相信我的主张是对的。同样，当你给我一个理由来证明你的主张时，你的理由也会帮助我理解为什么你会相信自己的主张。我们的理由能够实现这些目标，而且根本不需要说服对手去改变自己的想法。我们可能还会继续保留分歧，但这至少让我们更理解对手。正是这种相互理解能够让我们携手共进。

同样的目标还可以通过给出另一种理由来实现——解释某事发生的原因。了解某个事件将会发生，比如日食，对我们来说还是很有用的。这种知识能够让我们去观看日食。然而,这并不能帮助我们预测未来会出现的日食。如果我们不了解日食发生的原理(而且还缺乏更多的信息),我们就无法搞清楚日食究竟会在何时发生。为了预测未来,我们需要解释或解释性的理由来说明为什么某些事件会在现在发生。而且我们的确需要有能力预测未来,以便决定哪种提议会(在未来)成功地解决问题。这就是为什么我们需要解释性的理由,因为这样我们可以更富有成效地共同努力。

正因为我们需要理由,我们也需要论证。在此,我要讨论的论证并非口舌之争,比如,夫妻或政敌之间通过相互大喊大叫来"一论高下"。我在此所讲的论证,要比那些口舌之争更具有建设性。粗略地讲,当且仅当某人(论证者)提出一个主张(前提),以此作为支持另一个主张(结论)的某种理由,这才是做出论证。理由就是前提,而论证则是把这个前提作为理由提出来。论证的目的是向听众陈述理由,从而增进听众的理解,让他们明白结论为什么是对的,或论证者为什么相信这个结论。

这个定义排除了一些经常被称为"论证"(argument)的东西(比如骂人),也涵盖了一些通常不被视为"论证"的东西(比如解释)。这个定义从未试图囊括"论证"一词的常见含义。尽管如此,这个定义还是指出了我们需要的东西,以便相互理解和共同努力。

虽然我们需要更多这样的论证,但我们不应该终日都在争论(argue)。因为每个人都需要休息。此外,论证并不是我们需要的一切。当听众不接受这一套时，论证就没有什么用，所以我们还需要学习社交技巧和惯常行为，以便听众能够接受我们的观点。我们需要学会谦虚（或不宣称自己掌握全部真理）、亲切（包括向对手好的观点让步）、耐心（在等待听众认真思考我们的观点时）和宽容（当对手拒绝向我们的好观点让步时）。虽然还需要更多东西，但论证在一个更大的体系中扮演着重要角色，这个体系能够解决或至少减少我们文化中的一些问题。即使论证本身不足以解决我们的问题，但它依然非常必要。

　　理性思考和论证常常被当作情绪的敌人，但这是另一个要避免的误解。理性常常引导着情绪，比如，一个朋友背叛的证据会让我对这个朋友感到愤怒。事实上，情绪可以被当作我在此使用的广义上的理由。当我和某人在一起时我感受到了爱这一前提，是我愿意和心爱之人在一起，并且相信这段时光会非常美好的理由。当我开车速度过快时我感受到了恐惧这一前提，是我不开那么快，并且相信开那么快很危险的理由。在这些情况下，情绪和理性并不矛盾，甚至二者可能都不分彼此。因此，强烈的感受可以是理性的。我们不一定为了运用理性思考和论证，就总去压抑情绪、保持冷静。

　　更广泛地说，正是有些人对理由和论证存在误解，才导致他们对理性思考和论证冷嘲热讽和蔑视。这种冷嘲热讽和蔑视是造成问题两极化（polarization）的部分原因。因此，学会正确理解并领会他人的理由和论证，有助于解决部分问题。这样可以让我们更好地走出文化困境。

第一部分

为什么要论证

第一章

那么近，又那么远

在你的亲密朋友中，有多少人持有与你截然相反的政治观点？换句话说，如果你是自由主义者，你的亲密朋友中有多少人非常保守？如果你是保守主义者，你的亲密朋友中有多少人是极端自由主义者？而如果你是温和派或中立派，你的亲密朋友中有多少人在政治光谱（political spectrum）的任何一边持有相对极端的立场？对于如今的大部分人来说，答案是："没有多少。"

为了弄清这种情况的原因，我们需要再问几个问题。如果你的孩子或兄弟姐妹的政治立场与你截然相反，你会感到担心吗？如果他们与政治观点和你相左的人结婚，你会感到困扰吗？如果你不得不搬到一个社区，那里的大多数人投票支持的候选人与你不同，你会感到害怕或烦闷吗？你是否会主动去听取与你政见不同的人的意见？你是否会仔细阅读、观看或聆听那些与你政治立场相反的消息来源的新闻？你是否鄙视与你支持的政党相竞争的政党？你认为那个政党对你的国家以及你所关心的人群的福祉是一种威胁吗？你明白为什么这个政党的支持者更喜欢该党及其候选人吗？你发现任何可以支持那个政党立场的理由了吗？你能公允地解释他们为什么在一些关键议题上采取那样的立场吗？对于与他们在政治议题上的分歧，你有多大把握自己一定是正确的？

在世界各地的许多国家，以上这些问题的答案如今已经与10年或20年前大相径庭了。今天，许多人很少再有政治观点与自己截然不同的亲密朋友，他们生活在绝大多数人都支持同一个政党的社区，阅读或收听与他们意见一致的新闻，只与政治立场相近的盟友在社交媒体上建立联系，而且很少会遇到表达敌对观点的人。即便他们碰到这种观点，他们也几乎不会长时间谈论，不会努力尝试去理解那些人为什么持有如此不同的观点。当他们与对手交流时，他们并不试图给出支持自己观点的理由，反而诉诸情感诉求、言语辱骂、开对方的玩笑，甚至威胁要抵制对方或更糟。或者他们为了避免令人不舒服的分歧，会索性快速转移话题。然而，这些反应都不能促进沟通或解决问题。

怀疑论者可能会疑惑，我们是否真的像我所说的那样变得两极化且彼此孤立。毕竟，还有许多人持温和或混合的政治观点，即使他们平时并不大张旗鼓地宣扬自己的观点或投身政治。我们大多数人都认识一些持相反政治立场的人，即使我们通常避免与他们谈论政治。在大多数民主国家中，相对立的政党的确会进行冗长的辩论，即使其中的辩论者常常都在回避真正的议题。每个政党都有自己的纲领，即使他们很少遵守。政治家们的确在各种新闻媒体上支持自己的立场，即使他们的方式只是不断重申这些立场。在以上这些交流中，双方看起来常常都会向对方给出支持自己观点的理由，而双方也确实都自认为已经非常了解对手。有时候，政治对手之间甚至会产生好感。所以，所谓的"文化战争"可能被夸大了。

为了确定两极化的深度和广度，本章将运用一些关于两极化的实证研究。关于这个主题已经有很多文章了，所以我们可以只选取一个小规模的样本，但我们可以从中学到很多东西。我们将先从美国开始，然后转到其他国家。

什么是两极化？

两极化这个问题很难研究，部分原因是它对不同的人有着不同的意义。[1] 有时，两极化是通过以下这种方式衡量的：

距离（distance）：不同群体在某些问题上的看法相差越远，他们之间的距离越大。

当然，如果这些群体中的人彼此之间存在足够大的差异，即使这些群体之间在很多地方有重叠，但两个群体的平均观点之间也会有很大的距离。设想一下，现在有一个从 0 到 10 的标准，来衡量从左派（自由派）到右派（保守派）的程度。如果一个自由政党的立场处于 0 到 7 之间，其平均值为 3，而一个保守政党处于 3 到 10 之间，其平均值为 7，那么很多介于 3 到 7 之间的人，即使分属于两个平均值相距甚远的对立政党，但实际上他们在很多问题上都有着共同的看法。

正因如此，一些研究者和评论者通常会增加另一个衡量两极化的标准。

> 同质性（homogeneity）：一个群体的成员之间差异越小，群体内部的同质性越强。

距离加上同质性就大致等于两极化。这些特点放在一起，就足以形象地展现出"两极化"这一隐喻的内涵——因为南北两极是相距非常远的两点。

不过，这些政党和人群能不能好好相处，并不仅仅是由他们之间的距离决定的。首先，我们可能在那些对自己并不重要的议题上存在很多分歧。很多中国人喜欢吃臭豆腐，我也喜欢吃，但很多美国人却觉得臭豆腐很恶心。这是对臭豆腐极为不同的看法，但这种两极化并不会造成任何严重的问题。两方都不会因为对臭豆腐的看法而不喜欢对方。他们只是吃自己想吃的东西。

只有在距离和同质性之外再加上更多的东西，冲突才会真正出现：

对立（antagonism）：当某些群体对另一极的人有越多
仇恨、蔑视、恐惧或其他负面情绪时，他们就会越两极化。

对立主要是关于人们的感情的，但这些私人感情往往表达
在公开言论中：

无礼（incivility）：当某些群体对另一极的人有越多负
面评价时，他们就越两极化。

负面言论会引起人们的仇恨感，这种仇恨感会使人们使用
更多负面的称谓，从而引发更多仇恨，进一步激发更多负面的
称谓等。对立和无礼相互刺激增长，形成了恶性循环。

恶劣的感情和言论已经够糟了，但更糟的是行动。为了超
越感情和言论从而转向行动，许多评论家还将两极化与政治或
私人生活中的某些缺陷联系起来。

僵化（rigidity）：某些群体将自己的价值观视为神圣的
权利，而且拒绝妥协，因此加剧了两极化。

僵化显然与一个人情感和价值观的强烈程度，以及对这些
价值观来源的看法有关。因为合作往往需要妥协，所以僵化可
能会导致：

僵局（gridlock）：某些群体的两极化程度越高，他们就越无法为共同目标进行合作并共同努力。

僵局往往是两极化最令人烦恼的地方，因为它阻碍了本来能够解决社会问题的政府行为。

当社会因为不同群体的两极化、对立和僵化而日渐分裂的时候，如果某个群体拥有全部或绝大部分权力，那么政府仍然还能运转，这种情况要么是因为该群体拥有绝大多数的支持者，要么是因为该群体以某种方式夺取了政府控制权。因此，只有在任何一个群体都不能控制另一个群体的情况下，才会出现无法做成任何事情的僵局。不过，即使有一个群体占据了主导地位并得到了他们想要的东西，只要两个群体都对管理他们的机构拥有一定的控制权，那么这种双方无法合作的僵局依然是人们不希望看到的局面。

在德国、以色列、印度、英国和其他许多拥有两个以上政党的政府中，出现僵局的可能性或危险性也似乎较小。在这种制度下，不同政党需要共同合作以组成执政联盟，才能获得多数席位。尽管如此，这种联盟仍然很容易变得对立、僵化，无法与执政联盟之外的任何人合作。由此，执政联盟之间而不是单个政党之间仍会出现两极化，上述同样的问题也会出现。

那么，什么是两极化？答案是上述所有的东西。两极化完整的概述包括上文中的每一个方面——距离、同质性、对立、无礼、僵化、僵局等。如果要对这种复杂性加以简化，那么势必会将议题歪曲。不过，当我们讨论两极化时，还是不应该一次性同时涉及所有这些方面。为了避免混淆，我们需要知道两极化的哪些具体特征与哪类特定讨论有关。

两极是否在渐行渐远？

有多少两极化的情况存在呢？我们先来将两极化简单理解为距离加上同质性。我们应该如何衡量距离和同质性呢？在政治领域，标准的方法是从一个群体中随机选择成员，问他们各种问题，这些问题的答案一般是典型自由派和保守派的立场。群体之间的距离，是通过每个群体平均答案相距多远来衡量的。群体内的同质性，是以群体内不同成员答案的相近程度来衡量的。我们可以利用这些问卷，来跟踪这种两极化的长期趋势变化。

在美国，自 20 世纪 90 年代以来的二十多年里，两极化程度似乎大大加剧。这种印象很普遍，也得到了各种调查结果的支持。首先来看政党之间的距离，我们称之为政党差距（partisan gap）。这种差距在各种议题上都在不断扩大。以下是一些较为显著的例子：[2]

"确保和平的最佳方式是增强军事力量。"

1994 年：44% 的共和党人和 28% 的民主党人同意。

2014 年：48% 的共和党人和 18% 的民主党人同意。

　　在这个议题上，政党差距几乎翻了一番，从 16 个百分点上升到 30 个百分点。

　　"政府对企业的监管通常弊大于利。"
　　1994 年：64% 的共和党人和 46% 的民主党人同意。
　　2014 年：68% 的共和党人和 29% 的民主党人同意。
　　在这个议题上，政党差距从 18 个百分点上升到 39 个百分点，翻了一倍多。

　　"更严格的环境法律法规让很多人失去了工作机会，也损害了经济。"
　　1994 年：39% 的共和党人和 29% 的民主党人同意。
　　2014 年：59% 的共和党人和 24% 的民主党人同意。
　　在这个议题上，政党差距从 10 个百分点增加到 35 个百分点，增加了两倍多。

　　"今天穷人的生活大为改善，因为他们不需要付出任何回报，就能得到政府的福利。"
　　1994 年：63% 的共和党人和 44% 的民主党人同意。
　　2014 年：66% 的共和党人和 28% 的民主党人同意。
　　在这个议题上，政党差距从 19 个百分点翻了一倍，达到 38 个百分点。

"这个国家里不能取得成功的黑人，大多要为自己的状况负责。"

1994 年：66% 的共和党人和 53% 的民主党人同意。

2014 年：79% 的共和党人和 50% 的民主党人同意。

在这个议题上，政党差距翻了一倍多，从 13 个百分点增加到 29 个百分点。

需要注意的是，共和党在一些议题上的态度变化较大，而民主党在另一些议题上变化较大。一方经常指责另一方的立场走向极端，从而造成了两极化，但实际上双方都有这种趋势，只不过是在不同议题上程度不同罢了。这样的结果是，共和党和民主党在许多核心议题上的差距在短时间内显著增大了。[3]

难道我们不能至少在基本事实上取得共识吗？

上述这些研究的重点是政治价值观和规范，但两极化也延伸到了宗教，甚至是基本事实的问题上。对于气候变化究竟是否由人类温室气体排放引起或加剧，民主党人和共和党人存在强烈分歧。这是一个科学问题，有可能得到确切的答案，这与人们认为温室气体排放与气候变化究竟是坏是好还是中性的都毫无关系。尽管存在从科学上解决问题的可能性，但往往政治会推动科学信念，而不是科学引领政策制定。同样，民主党人和共和党人在许多其他事实性议题上，对基本事实的信念也存在很大分歧，包括以下这些问题：

1．水力压裂法（开采页岩油、页岩气）是否危险；

2．死刑是否能降低谋杀案件的数量；

3．水刑*是否能有效打击恐怖主义；

4．拥有枪支究竟促进还是减少了枪支暴力；

5．社会福利项目对经济增长有益还是有害；

6．到底有多少移民通过非法途径进入美国；

7．到底有多少非法移民是罪犯；

8．到底有多少非法移民抢走了合法公民需要的工作；

9．美国选举中到底有多少选举舞弊行为；

10．在美国发动伊拉克战争之前，伊拉克是否拥有大规模杀伤性武器。

大多数民主党人对这些问题的答案与大多数共和党人不同，所以这些政党在基本事实上的共识并不比价值观上的共识更多。

自由主义者有时会把这个问题归咎于保守主义者，因为他们认为，保守主义者把他们对基本事实的信念建立在宗教或不可靠的权威之上，而不是建立在科学之上。值得注意的是，这种常见的谴责使得自由主义者也经常拒绝接受一些科学上的共

---

* 水刑（waterboarding）是一种使犯人以为自己快被溺毙的刑讯方式，犯人被绑成脚比头高的姿势，脸部被毛巾盖住，然后把水倒在犯人脸上。——译者注

识，诸如转基因食品是否安全、疫苗接种是否会导致自闭症以及核废料是否可以安全处理等。[4]另一方面，共和党人则更有可能拒绝接受关于气候变化的科学共识，尽管那些对人为力量引起气候变化持怀疑态度的保守主义者在科学上并没有表现出更低的素养。[5]实际上，没有任何一方能够完全垄断科学证据或是基本事实。

当然，事实和价值观念是相联系的。如果我们在死刑是否具有威慑力或全球变暖是否由人类活动引发等问题上缺乏共识，那么我们在是否允许死刑或是否与全球变暖做斗争等问题上也存在分歧，就不足为奇了。当人们对一些关键的基本事实都缺乏共识的时候，他们也不可能在应对这些基本事实的决策上达成一致。

鉴于这种广泛的分歧，双方依旧高涨的自信令人惊讶。许多死刑捍卫者完全确信死刑具有威慑力，同时许多反对死刑的人毫不怀疑死刑并不具有威慑力。他们如此自信的一种解释可能是，他们从未看过支持对方立场的资料，或者这只是因为他们从未寻找过对方立场的资料，或者从未查阅过可能包含对方立场的资料。不管是哪种解释，鉴于这些议题的难度——存在相互矛盾的资料与论证——以及双方缺乏共识，他们依旧如此自信，这非常令人诧异。

你憎恨你的对手吗？

问题不仅在于人们都自信地支持强烈对立的观点。我是一个哲学家，有一些与我关系很好的同事认为我的哲学观点必然是错误的——我的主张不可能为真。他们所持的哲学观点与我的观点强烈对立。但他们对自己的观点非常自信。尽管如此，我们仍然可以成为朋友。我希望，他们不会因为我拥有一些在他们看来是错误的立场，就认为我愚蠢、危险或不道德。当我阐述我的立场时，他们会认真听我说话，并且尽力去理解我的观点。他们不会辱骂我或跟我开恶毒的玩笑，不会歪曲我的观点并以我的痛苦为乐。相反，他们会给出自己的论证，并仔细思考我将会或者能够如何做出最好的回应。至少他们中的许多人都是如此。当对手保持礼貌时，我们便可以互相学习，并且维系友谊。

只是简单地从距离和同质性来理解两极化，并没有抓住最根本的问题。事实上，如果政党之间的距离太小，就会产生其他问题。前几代人有时会抱怨共和党与民主党太过相似，以至选民在不同政党的政策选项之间做不出任何有意义的选择。[6] 此外，当从距离和同质性上理解两极化时，我们会发现，两极化并不总会引发激烈的冲突和僵局，即使在总统和国会分别由两党控制的情况下也是如此。[7]

即使两个人的观点处于政治光谱对立的两端，如果他们拥有足够多的共同目标，能够谦虚承认他们不了解全部真相，还喜欢对方到足以倾听对方、理解对方，并且努力达成互利的协定，那么他们之间仍然有可能合作。相反，如果他们互相鄙视，拒绝倾听，过于自信，而且完全失去了达成妥协的意愿和能力，那么他们就不可能做成任何事情。所以说，造成实际问题的并不只是简单理解为距离加同质性的两极化，还有彼此的对立，以及由此导致的无法跨越的障碍。

遗憾的是，美国日益严重的两极化确实让主要政党之间产生了越来越多的仇恨，或者至少是对立。[8] 1994 年，只有 16% 的民主党人和 17% 的共和党人对另一个党持非常负面的看法。然后，到了 2016 年，两党的多数人都表示对另外一个党持有非常负面的看法——58% 的共和党人对民主党的印象非常不好，55% 的民主党人也对共和党的看法非常负面。

更值得警惕的是，2016 年，在共和党人中，有 45% 的人都认为民主党的政策"具有严重误导性，以致威胁到了国家的福祉"。而在民主党人中，有 41% 的人对共和党的政策也持有同样的看法。在一贯坚持保守主义的共和党人和一贯坚持自由主义的民主党人中，这些比例还要高得多。那些关心自己国家的人，会与他们眼中对国家福祉构成威胁的人做斗争，因此他们几乎没有动力与他们眼中如此危险的人一起工作和生活。

这种反感不仅存在于政党与政治家之间，还延伸到了个人生活中。2010 年，美国 49% 的共和党人和 33% 的民主党人都表示，如果他们的孩子与他们支持的政党以外的人结婚，他们会感到不高兴。而在 1960 年，两党中只有不到 5% 的人会有这种想法。[9]两极化的政治已经影响到了人际关系。

它还影响到人们对居住地区的选择。2014 年，50% 坚定的保守主义共和党人和 35% 坚定的自由主义民主党人都同意这样的说法："对我来说，住在一个大多数人与我拥有相同政治观点的地方非常重要。"[10]因此，坚定的保守主义者和坚定的自由主义者最终通常都住在不同的地方，所以他们就不会像住在隔壁那样经常碰到对方。同样，63% 坚定的保守主义共和党人和 49% 坚定的自由主义民主党人也都同意："我的大多数亲密朋友与我拥有相同的政治观点"。这些数字在 20 年前都没有这么高。这种地理与社会的隔离，使人很难看出这些群体如何能够开展对话，或者克服他们之间的相互对立。

这种两极化趋势是否在向全球蔓延？

到目前为止，我所援引的统计数字和例子都集中在美国，但其他地方也存在同样的问题。两极化在全世界许多其他国家都在不断蔓延。令人惊讶的是，"平均而言，与其他国家的选民相比，美国人认为他们国家政党之间的距离要大很多"。[11]然而，实际情况却恰恰相反："在经济方面，民主党人和共和党人之间的距离，相对于其他国家来说并不是特别大。在社会方面，与其他国家相比，两党间的距离也相当小。"[12]当然，即使其他国家政党之间的距离比美国大，美国在两极化的其他方面，比如僵局，仍可能比其他国家更严重。这其中部分原因是美国宪法制定了许多制衡措施。然而，许多例子表明，在其他国家，政党之间的距离、内部的一致性、政党间的仇恨以及缺乏理性的情况，至少也与美国一样严重。

一个例子是英国脱欧（Brexit）公投，这体现了深刻而广泛的社会与意识形态分歧。最近的移民危机也在欧洲大陆的左派和右派之间造成了极端对立。这种不幸的趋势并不仅限于欧洲。斯里兰卡的政治两极化，已经导致双方都发表了令人无法容忍的仇恨言论。[13]泰国的两极化导致了大规模抗议活动。[14]有趣的是，尽管韩国意识形态两极化的程度很低，却展现出高度的情感两极化——对政治对手的敌视。[15]既然政治观念相差不大，为什么一个国家内部的成员还会如此憎恶彼此？我不禁怀疑，部分原因在于他们拒绝听取解释对方立场的理由。

这个问题并不是普遍的。冰岛可能就是个例外。"冰岛人在对自己左派、右派的定位上，没有出现真正的两极化情况。"[16]尽管如此，即使在冰岛，"媒体把（冰岛）议会描绘得越来越分裂"[17]，公众眼中则是两极化日益严重的错误印象："……自由主义者和保守主义者不仅夸大了另一方会在多大程度上支持某些刻板的价值观（道德价值观），而且他们还估计，他们自己所属的群体对某些刻板特征的支持，会比实际情况更极端。"[18]像冰岛这样的例子，一定会让人怀疑其他国家的两极化情况是否真的像看起来那么严重。

但即使只是两极化的印象，也会导致对立，损害人与人之间的理解、同情与合作。如果我认为你持有与我的观点截然相反的极端观点，如果我认为与我意见相左的人一定是无知或不道德的，那么这些预设加在一起，就足以让我鄙视和躲避你。这肯定会让我们很难理解对方，也很难交流、理性思考与合作。两极化的印象本身就是一种两极化——或者至少其危害与真正的两极化差不多。

1．Nathaniel Persily, "Introduction", in Nathaniel Persily（ed.）, *Solutions to Political Polarization in America* (New York: Cambridge University Press, 2015), p. 4. 我对两极化类型的讨论，很大程度上要归功于珀西利（Persily）颇有见地的介绍。两极化有时被看作一个过程而不是一种状态，但我将把两极化视作一种状态来讨论。

2．以下统计数据来自 Pew Research Center, "Political Polarization in the American Public"（2014）。

3．Morris P. Fiorina, Samuel J. Adams, and Jeremy Pope, *Culture War? Myth of a Polarized America* (London: Pearson Education, 2005). 该书认为，这些两极化现象的加剧可以用"政党选择"（party sorting）来解释。Michael J. Barber, Nolan McCarty, "Causes and Consequences of Polarization", in Persily（ed.）, *Solutions to Political Polarization in America* 一文对此回应称："立场转换比政党转换更为常见。"（第 22 页）政党之间的两极化仍然不能证明美国人作为一个整体变得更加两极化，因为温和派可能已经离开两党成为独立人士。无论如何，政党之间的两极化仍然是一个问题。

4．参见 Linda J. Skitka and Anthony N.Washburn, "Are Conservatives from Mars and Liberals from Venus? Maybe Not So Much", in Piercarlo Valdesolo and Jesse Graham (eds), *Social Psychology of Political Polarization* (New York and Abingdon: Routledge, 2016), pp.78-101 at 94-95. 关于自由主义者是否比保守主义者更有可能拒绝转基因生物科学、疫苗和核废料，目前正在进行积极的辩论，但毫无疑问，许多自由主义者在这些问题上反对科学上的共识。

5．Donald Braman, Dan M. Kahan, Ellen Peters, Maggie Wittlin, Paul Slovic, Lisa Larrimore Ouellette, and Gregory N. Mandel, "The Polarizing Impact of Science Literacy and Numeracy on Perceived Climate Change Risks", *Nature Climate Change* 2 (2012), p. 732.

6．Michael J. Barber and Nolan McCarty, "Causes and Consequences of Polarization", in Persily（ed.）, *Solutions to Political Polarization in America*, p. 38.

7．David R. Mayhew, *Divided We Govern: Party Control, Lawmaking, and Investigations, 1946-2002* (New Haven: Yale University Press, 2005).

8．以下统计数据来自 2014 年和 2016 年的 Pew Research Center, "Political Polarization in the American Public"。

9．Shanto Iyengar, Gaurov Sood, and Yphtach Lelkes, "Affect, Not Ideology: A Social Identity Perspective on Polarization", *Public Opinion Quarterly* 76, 3 (2012), p. 405.

10．Pew Research Center, "Political Polarization in the American Public" (2014).

11．Jonathan Rodden, "Geography and Gridlock in the United States", in Persily（ed.）, *Solutions to Political Polarization in America*, p. 118.

12．Jonathan Rodden, "Geography and Gridlock in the United States", p.117.

13．见 Roshini Wickremesinhe and Sanjana Hattotuwa, "Voting in Hate: A Study of Hate Speech on Facebook Surrounding Sri Lanka's Parliamentary Election of 2015", Centre for Policy Alternatives, Colombo, Sri Lanka (March 2016), http://www.cpalanka.org/wp-content/uploads/2016/03/Voting-in-Hate-1.pdf。

14．见 Thitinan Pongsudhirak, "Thai Voters in Yellow and Red Set for Crucial Elections", *The Korea Herald*, 21 March 2011, http://www.koreaherald.com/view.php?ud=20110321000145。

15．见 Hyunji Lee, "Polarized Electorates in South Korea and Taiwan: The Role of Political Trust under Conservative Governments", https://fsi.stanford.edu/sites/default/files/lee_hyunji.oct12_2014.pdf。

16．Hulda Thórisdóttir, "The Left-Right Landscape Over Time: The View from a Western European Multi-Party Democracy", in Piercarlo Valdesolo and Jesse Graham（eds）, *Social Psychology of Political Polarization*, pp. 38-58 at p. 42.

17．Hulda Thórisdóttir, "The Left-Right Landscape Over Time: The View from a Western European Multi-Party Democracy", p. 42.

18．Hulda Thórisdóttir, "The Left-Right Landscape Over Time: The View from a Western European Multi-Party Democracy", p.46.

第二章

"有毒的"说话方式 *

为什么我们之间的距离会变得如此之大，我们会如此对立？这些文化现象非常复杂。没有任何单一的解释能够公正地阐明将对立双方割裂开的诸多影响因素。不过，通过关注一个经常被忽视的因素，我们就可以学到很多东西。这个因素就是：我们并没有倾听并试图理解我们的对手，反而是打断、讽刺、辱骂他们，以及拿他们和他们的观点开玩笑。这种"有毒的"说话方式体现了两极化的一个方面，我称之为"无礼"。

我们能不能有点礼貌？

与"两极化"一样，"礼貌"（civility）一词也有几种不同

---

* 牛津词典（Oxford Dictionaries）曾将"有毒的"（toxic）一词定为2018年的年度热词。近年来，该词开始越来越多被用来形容文化、社会等层面给人带来的负面影响。——译者注

的用法。此外，礼貌和无礼都是旁观者眼中所看到的。一个人的激烈批评，在另一个人眼中可能就是无礼。礼貌也有程度之分。有些言行或多或少比其他言行更有礼貌一点。尽管有这些复杂的因素，但我们可以将礼貌理解为一种模糊的理想，我们或多或少都可以接近它。而无礼则严重背离了这一理想。

当人们注意自己的说话方式以带来建设性的意见交流时，这种交流就是有礼貌的。社会心理学家兼博弈论专家阿纳托尔·拉波波特（Anatol Rapoport）以其对社会互动的洞见而闻名，他提出了一种极端的礼貌模式：

1. 你应该尝试用清晰、生动、公正的方式来重述你目标对象的立场，使你的目标对象说出："谢谢。真希望我原来就能想到这么来说。"

2. 你应该列出任何意见一致的观点（尤其当它们不是人们广泛认同的共识的时候）。

3. 你应该提及你从你的目标对象身上学到的任何东西。

4. 只有在这时，你才可以说出反驳或批评的话。[1]

你听到过或参加过多少次遵循上述这些规则的谈话？就算这些规则曾经真有人遵循，近来它们也已经过时了。幸运的是，我们并不需要如此大费周章，就可以保持最低限度的礼貌。我们的礼貌程度，可以接近上述这个理想。

当然，这并不是礼貌的全部含义。时机也是很重要的一个因素。当你向我解释你的观点时，如果我打断你，不让你把话说完，就算我再清楚、再生动、再公正地阐述出你的立场，也无济于事。因为你想自己表达出你的观点。打断是一种典型的无礼行为，因为它传递的信号是——我不想听你说话，或者至少是你说的话不如我说的话有价值。因此，礼貌需要耐心这种美德，我们需要耐心等待对方陈述自己的观点，正如他们同样也需要时间来理解我们的观点一样。当别人拒绝向我们的最佳观点让步时，礼貌也要求我们更加宽容。

做到上述这些都很不容易，但我们可以自己取舍。我们可以遵循或至少接近拉波波特法则（Rapoport's rules）来更礼貌地表达自己——在恰当的时机说话与倾听，不打断别人，并培养耐心和宽容。或者，我们也可以通过打断、侮辱和辱骂我们的对手，来体会无礼究竟是什么。你的风格由你自己决定。

谁不喜欢"绝妙的"讽刺夸张呢？

如今，我们并未有礼貌地询问他人为什么坚持他们的立场，而是倾向于假定我们已经知道他们的理由。当然，我们归纳出的理由很少是他们真正的理由，也很少是支持他们观点的最佳理由。相反，我们常常试图通过把对手的观点说得很糟糕来击败他们。

再来看一下经济上的不平等——穷人指责富人贪婪，要求增加税收；富人则指责穷人懒惰，认为税收是政府的偷窃。虽然穷人和富人都声称理解对方，但这只是因为他们都认为对手是出于短视的一己私利。穷人会问："一个超级富豪多出几十亿美金能干什么？他们没看到整个国家都需要更多税收吗？"但是，富人会回应："难道他们不知道我的钱都是辛苦工作得来的吗？难道他们不明白提高税收会损害经济整体发展，尤其是穷人的利益吗？"只要双方都不理解对方，他们就会继续把对手视为愚蠢、信息错误、短视且自私的人。这将使合作变得困难或不可能。这种讽刺夸张对我们伤害很大。

此类说法也是不准确的。有些富人的确很贪婪自私，但另一些富人却慷慨勤劳，而且对雇员和客户都很公平。同样，穷人并不都是懒惰的，但有些人却很懒惰。一些依靠社会福利而生活的失业者，即使你给他们一份工作，他们也不会接受。然而，他们只是例外而已，因为大多数贫困都是由于环境恶劣造成的，穷人并没有更多选择。实际上，两方的说法都有一定的道理。如果我们要制订一套计划，帮助那些真正需要帮助的人，而不去奖励和鼓励那些滥用制度的人，我们就需要认识到这个问题的复杂性，并确定哪些穷人属于哪类群体——究竟是懒惰者还是弱势者。

与此相同的模式在欧洲难民危机中反复出现。当我访问牛津大学时，我听到那些支持让更多难民进入英国的人发问，他们的反对者怎么会如此残忍："难道他们不知道难民有多绝望吗？难道他们不知道难民的国家有多危险吗？"这些人这么说，就是在暗示他们的反对者无知且无情。反过来，那些反对让更多难民进入英国的人又会问，另一方怎么会如此天真："难道他们看不到究竟有多少难民吗？难道他们不关心那些因更多难民的到来而可能失去工作的英国公民吗？难道他们不关心安全问题吗？他们想给英国本土带来更多恐怖袭击吗？"因此，他们也在暗示对手无知且无情。双方都没有试图去理解对方，反而传播关于对手立场的不准确的讽刺夸张。当双方做出这样的假设，抛出这些误导性成见时，他们就很难正确理解对方了。

我们都是疯狂的小丑吗？

这种（故意的？）误解助长了人们的夸大和辱骂。其中一种特别恶毒的辱骂方式，就是进行伪精神病学诊断（fake psychiatric diagnosis）。当然，为了帮助真正的精神疾病患者，训练有素的精神科医生在医学证据的基础上进行适当的精神病学诊断，是可以的。问题是，今天的政治与文化评论人士在没有医学证据和专业训练的情况下，就诊断他们的对手，其目的并不是要帮助对手，而只是辱骂他们。保守主义评论家所写的书，有些即题为"自由主义是一种精神障碍"（*Liberalism is a Mental Disorder*，Michael Savage）、"自由主义者的心灵：政治疯狂的心理学原因"（*The Liberal Mind：Psychological Causes of Political Madness*，Lyle Rossiter）以及"洗脑：大学如何灌输美国青年"（*Brainwashed：How Universities Indoctrinate*

America's Youth，Ben Shapiro）。自由主义者也有题为"右派是如何失去理智的"（*How the Right Lost its Mind*，Charles J. Sykes）这样的作品作为回敬。微软全国广播公司节目（MSNBC）的自由主义新闻评论员米卡·布热津斯基（Mika Brzezinski）曾公开表示，她严重担心唐纳德·特朗普（Donald Trump）总统有精神疾病。

为了看出这种夸张言论的目的与效果，让我们来看看如今深受欢迎的保守主义评论家本·夏皮罗（Ben Shapiro）的一些例子：

> 民主党人完全是极端的。他们是彻底精神错乱的。他们是疯子，他们是神经病。

> 民主党人完全失去理智了，他们都疯了，都疯了。[2]

为什么本·夏皮罗说他的对手是疯子？很明显，并不是所有的民主党人都是疯子、精神错乱、神经病或者失去理智。那么，这种极端言论的目的是什么呢？其中一个目的是让他的听众发笑。同时也表明他始终与共和党人团结一致，对民主党人充满憎恶。这里的重点是，这些言论切断了双方的对话。当其他人真的"彻底精神错乱"或"失去理智"的时候，我们就没有理由再听他们说话。对治疗师来说，倾听这些人的心声，也许有助于找出他们得的是哪种精神疾病；对亲朋好友来说，倾听这些人的心声或与他们交谈，也许能让他们平静下来。但这并不是真正意义上的对话，他们并没有有意图地交流信息和理由。当人们"彻底精神错乱"的时候，我们不会指出他们的观点有什么问题，也不会给出让他们改变的理由。我们会试图治愈他们，而不是与他们讲道理或向他们学习。

其他形式的辱骂也会付出类似的代价。如果我告诉我的朋友他的立场是错误的，他可以问我为什么那是错误的，然后，在许多情况下，我们仍然可以进行卓有成效的讨论。但是，如果我告诉他，他的立场非常荒谬，那就意味着这完全是无稽之谈，只值得嘲讽而不值得跟他讲道理。如果他不想被人嘲讽，又何必问我为什么会觉得他的立场很荒谬呢？如果我说他是个小丑，那就说明他的观点活该被嘲笑，而不是被认真考虑。如果认真对待小丑的笑话，并询问其真正的含义，那就毁了小丑的笑话。同样，如果我称我的对话者为白痴，那说明他太愚蠢了以至不值得我给出任何理由。但是，他为什么还要继续和我说话呢？我那么说就是告诉他，我根本不会听他讲话。

有些观点的确很荒谬，有些人也真的是白痴或疯子——虽然这些都很少见。另外，有时人们也会询问理由并尝试理解，在最初的尝试失败后，出于挫折感，他们才会诉诸言语辱骂。尽管如此，这种伪精神病的辱骂是一个可靠的指标，可以表明说话者没有更好的、也没有什么有见地的东西可以支持他的立场。这种辱骂也意味着卓有成效的讨论已至尾声。当两极对立的人诉诸此种手段的时候，他们就不再能相互学习，而且谁也得不到好处。

辱骂很有趣吗？

有时候，辱骂也可以很有趣、很好玩。著名喜剧演员唐·里克斯(Don Rickles)将侮辱性幽默发展成了一种流行艺术。如今，许多人在现实生活和互联网上模仿他的喜剧套路。在 2016 年美国总统选举共和党初选中，唐纳德·特朗普及其追随者对"小马尔科"(Little Marco)［即马尔科·卢比奥（Marco Rubio），他是特朗普在共和党初选中的竞争对手之一］的贬损性笑话层出不穷。特朗普当选后，自由主义者（以及特朗普的一些保守主义对手）也对特朗普手掌的大小开起了嘲讽的玩笑。这种幽默太过幼稚，很难相信有人会把它当真。

但这是为什么呢？我们能从取笑对手中得到什么呢？当然，我们获得了快乐。笑的感觉很好。但这只是最浅层的解释，因为我们也可以从关于我们自身缺点的笑话中获得这种愉悦感。为什么偏偏要取笑对手而不是拿自己开玩笑呢？

也许这种笑话会影响人们投票。谁愿意支持一个会沦为笑柄的候选人呢？不过，很难相信支持特朗普的人们，会因为他的手掌大小转而支持另一方候选人。

我猜想，这种玩笑的真正目的是构建群体内部的团结。取笑对手会让与我们志同道合的观众向我们报以笑声和赞扬。这种反应向我们所有人发出信号，表明我们都拥有某些共同的价值观，从而能够促使我们团结为一个群体或凝聚为一场运动。拿一个观点来开玩笑，也表明我们并不把它当回事，所以我们不太可能会产生动摇、跑到对方阵营。这标志着我们的稳定性，让人们有信心与我们合作。最后，这种能拿对手开最逗人玩笑的能力，也会帮助我们在群体中获得领袖地位。这就是为什么群体的有些成员拿外人取笑，争相讲出最有趣或最恶毒的笑话。

关于对手的笑话也特别有效，因为这些笑话让对手没有恰当的回应方式。如果他们对关于自己的笑话不发笑，那么他们就会显得好像是缺乏幽默感的老古董，傲慢地否认自己的缺点，或者是笨到听不懂笑话。无论如何，他们都是没有办法赢的。

在这些方面，关于对手的笑话可以被视为修辞伎俩。这些笑话可以构建起群体，为讲笑话者赢得地位，并剥夺被取笑目标任何的喘息机会。这就解释了为什么幽默会变成一种如此常见的武器。然而，这种幽默也有黑暗的一面。拿某人的立场开玩笑，会妨碍对该立场的理解。你不能通过让对手看起来很傻，从而来评判他们或他们的理由。他们几乎永远都不会像笑话里看起来那么傻。更何况，如果你拿他们开玩笑，那么他们也会拿你开玩笑。每一方都会做出类似的回应，所以双方的论述水平都会螺旋式下降。

我不否认幽默有其存在的价值。它可以缓和气氛，使彼此感到愉悦。如果聪明的政治讽刺能让人们注意到糟糕的论证和不实之词，那么这些讽刺就是很有见地的政治批评。然而，从长远来看，用于辱骂外人的过分简单化且恶毒的幽默很少能够实现建设性目标。这种幽默反而阻碍了我们彼此的理解和共情。

我们能降到多低？

辱骂在互联网上变得更加恶毒，也许因为网上的辱骂者是匿名的，不必面对他们的受害者。有时，"网络喷子"竟然还威胁他们的目标。这种例子有很多，但我将着重谈一个例子，因为我碰巧认识这位受害者。

2015 年 12 月 24 日，埃默里大学（Emory University）哲学教授乔治·扬西（George Yancy）在《纽约时报》（*The New York Times*）的"他山之玉"（*The Stone*）专栏写了一篇颇具争议的文章《致美国白人》（"Dear White America"）。他在文章的开头说道：

> 我有一个严肃的请求。当你读这封信的时候，我希望你带着爱去听，这种爱要求你去审视自己身上可能带来痛苦与恐惧的部分，就像詹姆斯·鲍德温说的那样。* 你听到了吗？你可能忽略掉了。我再重复一遍，我要你带着爱去听。好吧，至少试一试。

接下来，扬西承认自己是性别歧视者，并解释了这是什么意思。然后他说：

---

* 詹姆斯·鲍德温（James Baldwin, 1924—1987），美国作家、小说家、诗人、剧作家和社会活动家。作为黑人和同性恋者，鲍德温的不少作品关注美国 20 世纪中叶的种族问题和性解放运动。——译者注

就像我作为男性所获得的舒适感与女性所遭受的痛苦息息相关，这一点使得我成为了性别歧视者。同样，你也是种族主义者。

扬西当然知道，将他的读者称为种族主义者会产生负面反应。然而，他所受到的攻击却出人意料地恶毒。

《致美国白人》一文发表后，我所在大学的电子邮箱立即收到了卑鄙且刻薄的白人种族主义评论，我的电话留言机也收到许多语音信息。我甚至收到了充满仇恨的平邮信件。想象一下，真正坐下来写一封充满仇恨的信，然后用平邮的方式寄出，特别是在我们这个互联网世界里，这要投入多少时间。这些评论并不是要指出我立场上的谬误，而是故意要侵犯、扰乱我，让我在心理上崩溃、在身体上痛苦不堪。语言是有威力的，尤其像"黑鬼"（nigger）这样的词语，或者被叫成"应该回到非洲的动物"，或者说我应该"以伊斯兰国（ISIS）的方式被斩首"（《纽约时报》，"他山之玉"，2016 年 4 月 18 日）。

在这本关于理性思考与论证的书中，我们应该关注的是"这些评论并不是要指出我立场上的谬误"。作为一个哲学家，扬西应该早已习惯于别人对他谬误的指责。他并不反对有论证支持的批评，而且我们可以想象，把这么多人（所有的"美国白人"！）

都称为种族主义者，一定会招致很多反对意见。然而，他得到的不仅是反对，还有人身攻击。对于一个要求你带着爱去倾听的绅士，这样恶毒的回应必然会导致两极化。

幸好扬西的经历并不典型。如今许多人仍以礼貌的方式进行交流。他们经常与对手沟通，寻求理解对方的观点，提出问题并从答案中学习，而不是简单地讽刺夸张、断言、辱骂、取笑和威胁对手。我们有能力开诚布公地交流，但我们往往没有使用这种能力。相反，我们的说话方式是"有毒的"——尤其在互联网上。这种"有毒的"说话方式传递出不尊重和蔑视的信号，从而助长了对立与两极化。"有毒的"说话方式也吓跑了温和的参与者。有些对他人的无礼可能是有趣的，并且能够在拥有共同目标的辱骂者之间建立起联系。然而，这些短期利益却需要我们付出长期代价，不仅使我们的社会四分五裂，而且阻碍我们去解决那些严重的问题。

欧洲就很文明吗？

也许在欧洲情况并不那么糟糕？这种希冀近年来被大不列颠及北爱尔兰联合王国（也许将来就不那么联合了）的脱欧公投所深深挫败。脱欧运动的倡议者之一是前伦敦市长鲍里斯·约翰逊（Boris Johnson），他后来成为外交及联邦事务大臣

(Secretary of State for Foreign and Commonwealth Affairs)。*
约翰逊曾表示：

> 我相信，如果我们不抓住这个千载难逢的机会穿过这扇门，那么我们一定是疯了，因为事实是，发生改变的并不是我们。事实是欧盟已经发生了翻天覆地的变化；继续坚称欧盟与经济发展有关，就像说意大利黑手党对橄榄油和房地产感兴趣一样。[3]

约翰逊称他的对手"疯了"，从而消除了倾听后者理由的任何动机。宣称对手"疯了"就排除了为理解对方而倾听的可能性。他指出有"千载难逢的机会"，然后提出一个要求：要么现在就做，要么永远都做不到。这也表明，他与对手之间不可能有任何妥协，因为接受妥协将错过唯一的机会，并使英国永远不可能再脱离欧盟。当然，将欧盟与黑手党相提并论，意味着他们都是罪犯，需要在他们杀戮或劫掠英国之前就予以制止。阻止黑手党的唯一方法是用武器，而不是推理。因此，从所有这些方面来看，约翰逊描述问题的方式是为了激发仇恨，压制解释双方立场理由的任何公平讨论。

那些反对英国脱欧的人也没好到哪里去。他们经常明示或暗示道，支持脱欧不过是出于恐惧、愤怒、伊斯兰恐惧症

---

* 2019 年起任英国首相。——译者注

(Islamophobia)、外国人恐惧症（xenophobia）或种族主义。恐惧和愤怒往往会阻碍人们进行细致的理性思考，因此如果声称你的对手是由这种情绪驱动的，就表明向他们给出理由没有意义，更不要说去倾听他们的理由了。"伊斯兰恐惧症"和"外国人恐惧症"这两个词则暗示着精神疾病，尤其是"恐惧症"（phobia）这个词缀。因此，试图向一个伊斯兰恐惧症患者或外国人恐惧症患者讲道理，就像告诉一个蜘蛛恐惧症患者许多蜘蛛其实并不危险一样，毫无意义。种族主义的定义是，在没有任何理由的情况下，以不同的方式看待或对待不同种族。当人们有充分的理由进行区别对待时，比如，测试镰状细胞贫血，就不是种族主义，因为几乎只有非洲血统的人才会患有这种疾病。因此，像"种族主义者"这样的称谓，会让人们不期待任何理由或对理由做出任何回应。反对英国脱欧者的那些话表明，我们需要与对手做斗争，而不是倾听他们的意见。

事实上，那些想允许移民进入社会的人，有时似乎甚至建议我们应该赶走他们的反对者。英国保守党前共同主席赛伊达·沃尔希女男爵*反对英国脱欧，因为"（脱欧是）有毒、引起分裂和排外的政治运动，不应该在自由民主中有立足之地"[4]。脱欧真的完全不应有立足之地吗？我本以为自由民主制度之所

---

* 赛伊达·沃尔希女男爵（Baroness Sayeeda Warsi），英国女律师，政治家及上议院成员。沃尔希出生在一个居住在西约克郡的巴基斯坦移民家庭，毕业后在英格兰及威尔士皇家检控署担任事务律师。2004 年，她离开检控署并成功进入英国国会。2007 年，沃尔希获得终身贵族身份并被封为沃尔希女男爵。——译者注

以自由，就是因为它们允许言论自由，其中就包括排外的政治运动。沃尔希的意思可能并不是说这种运动应该被视为非法的，也不是说排外者应该被驱逐，而只是说自由民主制度中如果没有他们会更好。不过，沃尔希语焉不详且有煽动性的话语表明，我们并没有什么可以从对手身上学习的。这样一来，这些话似乎助长了对立情绪，妨碍了双方建设性的理由交流。

当然，并不是每个人都会采用这样的修辞伎俩。著名系列小说《哈利·波特》（*Harry Potter*）的作者 J. K. 罗琳（J. K. Rowling）就试图在两极之间开辟出一个较为温和的立场：

> 许多人都曾将英国脱欧的支持者们称为种族主义者和偏执狂，这是很可耻的行为——因为脱欧的支持者们并不是这样，那样称呼他们很丢人。尽管如此，假装宣称种族主义者和偏执狂并未参与到"脱欧大业"之中，或者宣称他们在某些情况下并未引导"脱欧大业"，这同样是无稽之谈。[5]

罗琳的这番话做了一个很好的区分！即使大多数脱欧支持者不是种族主义者，但大多数种族主义者都是脱欧支持者，甚至英国脱欧运动中"一些"（也许是许多，但不是全部或大多数）领导者就是种族主义者，这些仍然可能是事实。然而，当保持理性的人试图让那些修辞伎俩平息下来的时候，他们往往会遇到如下的驳斥：

（英国的自由主义精英）试图区分理性的反移民情绪和非理性的种族主义，前者被纳入主流，后者则被边缘化。事实上，并不存在这样的区别。而且，假装这种区别存在，会使种族主义在政治主流中进一步合法化。[6]

这样的回应指责所有温和派都在"使种族主义合法化"。难怪许多人没有勇气表达温和派的观点，因为他们会被一方贴上"种族主义"的标签，而被另一方贴上"疯子"的标签。

最近的移民危机在欧洲大陆也引发了极端的反应。虽然德国总理安格拉·默克尔（Angela Merkel）通常是坚定的中立派，但她支持允许移民进入德国，她说："当这件事关系到人的尊严时，我们不能做出妥协。"[7]这句话意味着，她不会与任何建议妥协的人交流，也不会听从任何这方面的建议，哪怕是对移民最低程度的限制也不考虑。如果阻止移民侵犯了人的尊严，那么限制移民就相当于允许一些奴隶制的存在。另一方面，法国国民阵线（National Front）主席玛丽娜·勒庞（Marine Le Pen）则表示："他们不会告诉你这些真相，但法国的移民危机已经完全失控了。我的目的很明确——同时阻止合法和非法移民。"因此，和默克尔一样，勒庞也表明了她不愿妥协的态度。她拒绝接受哪怕是有限度的移民，因为这样的话有些移民就会合法入境，这与她的目的背道而驰。勒庞最后总结道："这次选举最紧要的事就是法国是否还能成为一个自由的国家。我们的分歧不再是左派和右派之争，而是爱国者和全球主义者之间的抉择!"[8]在这里，她给对手贴上了不爱国的标签，将他们视为自由法国的敌人。在2017年的总统选举中，勒庞这样的极端立场得到了超过三分之一法国选民的认可。当然，法国也有支持移民的人，德国也有反对移民的人。尽管如此，这两个国家的政治领导人都在以引起分裂的方式谈论移民问题，这表明他们不愿意妥协，甚至不愿意听取对方的任何论证。这就难怪那些针锋相对的人渐行渐远，相互间的对立和不尊重也在不断滋长。

究竟多无礼才算过头呢?

为什么无礼的说话方式会在全世界蔓延?为什么有这么多人即便说的是假话，还这样说话?部分答案是，无礼对实现某些目的来说是一种有用的工具。

无礼的说话方式会引起人们的注意。人们认为有礼貌的信息平淡无味，所以他们阅读和推荐——以及在推特上发布和转发——这些信息要少于无礼的夸张信息。[9]对手也会转发不礼貌的言论，为的是展现这些言论是多么愚蠢，以及反对这种极端分子是多么重要。尽管如此，如果这些不礼貌的言论更加公允且理性，对手还是会给予更多关注。

无礼的说话方式也能激发人们的活力。支持者转发己方不礼貌的言论，可以煽动起支持的大军，并在己方阵营中鼓动起激情和能量。在一场运动中，如果称对手为"疯子"，要比说对手忽略了几个要点，能够吸引更多的抗议者。

无礼的说话方式也会刺激记忆。比起对事实公允且翔实的描述，人们更容易回忆起激怒他们的极端夸张的言论。要想了解这一点，只要试着想想一位政治家在一次演讲中说了些什么。大多数人或许能够复述演讲中无礼的言辞，却记不住其中彬彬有礼的言论。

在以上这些方面，无礼、夸张和极端的说话方式会吸引更多的受众。如果你想拥有广大的受众，那么这种简单的策略十分诱人。作为一种营销手段，它的确很有效。营销有其自身的作用。社会中没有权力的群体可能找不到其他方式来引起人们的关注。呼吁他们保持礼貌，实际上就是在要求他们服从权威。有时候，为这些群体发声的运动，尤其是运动最开始的时候，需要使用一些无礼的手段。废奴主义者、争取妇女选举权者（suffragette）和民权运动领袖并不总是保持礼貌（甚至不总是倡导和平），他们的无礼行为有时反而有助于实现他们发起运动的目的。[10] 我们中的许多人也都从这样的无礼行为中受益。

然而,这种策略也要付出代价。与此相关的代价就是两极化。当对手对你无礼时，会让你生气，并激发你的报复心理。当你对你的对手无礼时，这很少会让他们心悦诚服，往往会让他们不愿意倾听,也不能理解你的立场。当双方都以无礼对待彼此时，他们就会越发不去考虑对方及其观点。[11]

这种两极化对双方都有伤害。更重要的是，它破坏了我们共同的社会。许多真正想了解问题与双方理由的温和派，被剥夺了任何用来决定应该做什么的理性思考方式，因为他们无法从无礼的冗长谩骂中学到东西。他们对双方以及支持任何一方的消息来源都失去了信任。此外，我们的政府也会变得更加无法正常运转。为什么我要和一个骂我愚蠢且疯狂的人一起工作？我怎么会知道如何与这样不尊重人的对手妥协？

无礼既需要付出代价，也存在好处，所以人们往往很难判断究竟什么时候这样做在大体上是合乎情理的。对于那些认为辱骂讽刺的好处大于其代价的人来说，这种说话方式必然会继续大行其道。而我们其他人也将要继续承受那些代价。

1. 见 Daniel C. Dennett, *Intuition Pumps and Other Tools for Thinking* (New York; Norton, 2013), pp. 31-35 中的讨论。

2. 见 Ben Shapiro, "The Left Loses its Damn Mind", *The Ben Shapiro Show*, Episode 140, https://soundcloud.com/benshapiroshow/ep140 (at 6:12 and 11:20)。

3. 见 Boris Johnson, "Boris Johnson's Speech on the EU Referendum: Full Text", 9 May 2016, http://www.conservativehome.com/parliament/2016/05/boris-johnsons-speech-on-the-eu-referendum-full-text.html。

4. 见 Sayeeda Warsi, "Toxic, divisive & xenophobic political campaigning should have no place in a liberal democracy", 20 June 2016, https://twitter.com/SayeedaWarsi/status/744787830333804544。并对比 Angela Merkel, "Hatred, racism, and extremism have no place in this country" (https://www.brainyquote.com/authors/angela_merkel)。

5. 见 J. K. Rowling, "On Monsters, Villains and the EU Referendum", 30 June 2016, https://www.jkrowling.com/opinions/monsters-villains-eu-referendum/。

6. 见 Arun Kundnani, "The Right -Wing Populism That Drove Brexit Can Only be Fought With a Genuinely Radical Alternative", *AlterNet*, 2 July 2016, http://www.alternet.org/world/right-wing-populism-drove-brexit-can-only-be-fought-genuinely-radical-alternative。

7. 见 Sandy Marrero, "When it Comes to Human Dignity, We Cannot Make Compromises", *Prezi*, 3 January 2015, https://prezi.com/lfqwky4jv6em/when-it-comes-to-human-dignity-we-cannot-make-compromises/。

8. 见 Sarah Wildman, "Marine Le Pen is Trying to Win the French Elections with a Subtler Kind of Xenophobia", *Vox*, 6 May 2017, https://www.vox.com/world/2017/4/21/15358708/marine-le-pen-french-elections-far-right-front-national。

9. Diana Mutz, *In-Your-Face Politics: The Consequences of Uncivil Media* (Princeton, NJ: Princeton University Press, 2015), Chapter 2.

10. Cass R. Sunstein, *#Republic: Divided Democracy in the Age of Social Media* (Princeton, NJ: Princeton University Press, 2017), p. 86.

11. Diana Mutz, *In-Your-Face Politics: The Consequences of Uncivil Media*, Chapter 3.

第三章

被压制的声音

无礼究竟是如何助长两极化的？一部分是通过增大人与人之间的对立，但也有一部分是通过阻止我们克服双方的对立来压制理性思考。当然，还有更多助长两极化的因素，但我将在本章讲述关于压制理性思考的部分。

被压制的并不是说话的人，而是理由。很多人都在喋喋不休地说着长篇大论，但这并不意味着他们能够沟通和交流思想。太多的人都夸夸其谈地说了许多，却没有说出任何合理的论证。人们常常假装给出理由，却根本没有真正拿出任何像样的理由。太多的人都已经放弃提供、期待和倾听他人的理由。结果就像保罗·西蒙（Paul Simon）和阿特·加芬克尔（Art Garfunkel）作于 1964 年的《寂静之声》（"The Sound of Silence"）中唱到的烦恼那样：人们讨论得热火朝天，却毫不理解彼此。

为什么还要去尝试？

美国皮尤研究中心曾做过一项调查：

> 共和党和民主党中都有人表示，与意见相左的人谈论政治是一种"压力和挫折"，也有人表示这种对话"有趣且富有信息"，持这两种观点的人数大致相当。而两党中的大多数人（65% 的共和党人、63% 的民主党人）都表示，当他们与另一方的人交流时，他们通常到最后会发现，他们在政治上的共同点要比想象的少很多。[1]

为了避免无意义的压力，人们往往会直接放弃，甚至不去尝试表达或理解外界的信息或理由。

由此造成的沉默已经有了充分的记录。[2] 研究还表明，弱势群体的声音比主流群体更经常、更彻底地被压制。[3] 然而，沉默对政治争论的双方都有影响。任何一方都不能声称自己是唯一被压制发声的人，也不能声称自己是唯一因试图与对方沟通却受到挫败的人。结果，他们都放弃了与对方讲道理的尝试。

你从哪里听到的？

即使不在一起交流，如果人们从相同的来源获取新闻和评论，仍可以进行针锋相对的论证。但是，很少有人愿意从那些辱骂和歪曲自己政治观点的消息来源获取新闻。他们排斥这些消息来源，认为它们是主观的，甚至是"假新闻"。大多数人更希望自己的观点得到支持，所以他们选择会支持他们偏好的消息来源。

这种趋势同时影响到了政治光谱的两边。2004 年，共和党人和民主党人收看微软全国广播公司节目和福克斯新闻（Fox News）的比例大致相近。到了 2008 年，收看微软全国广播公司节目的民主党人比共和党人多了 20%。另一方面，2004 年收看福克斯新闻的共和党人比民主党人多 11%，但 2008 年却比民主党人多了 30%。[4] 在短短四年内，双方竟然都转向了不同的新闻节目！

如今，许多人都从互联网上获取新闻。要选择获取互联网上的哪些信息，最常见的工具就是搜索引擎和社交媒体。当有人搜索一个主题时，搜索引擎会按照算法确定的某种顺序列出关于该主题的网站。最常见的搜索引擎，会优先列出这个用户经常访问的网站，并且很可能对这些网站的评分很高。如果用户像大多数人一样，更加频繁地访问列在最前面的网站，那么他们最终必然会访问更多支持他们政治观点的网站。很多人甚至没有意识到，算法会操控他们，把他们引入到一个相对封闭的"回声室"*中。

另一个可能更普遍的选择网站的工具是社交媒体上的口碑

---

* 　回声室（echo chamber）效应是指，在一个相对封闭的环境中，一些意见相近的声音不断重复，并以夸张或其他扭曲形式重复，令处于相对封闭环境中的大多数人认为，这些扭曲的故事就是事实的全部。——译者注

（姑且这么说）。[5] 许多人利用社交媒体来推荐网站，他们的朋友也会听从他们的推荐。显而易见的是，我们可以看出为什么在这种情况下拥有持自由主义立场朋友的自由主义者最终会访问自由主义消息来源的网站，而拥有持保守主义立场朋友的保守主义者最终会访问保守主义消息来源的网站。双方最终都在各自的回声室里，他们听不到任何来自外界的声音。每个人回声室的边界，就是沉默的开始之处。[6]

　　一些勇敢的灵魂的确在寻求相互冲突的消息来源。然而，他们的动机往往只是寻找其中的错误，以便批评这些消息来源，而不是从中学习。他们并没有真的在倾听，只是在伺机而动、寻找漏洞。《每日秀》（The Daily Show）的主持人乔恩·斯图尔特（Jon Stewart）就是一位熟练掌握这种技巧的高手。他总能找到让福克斯新闻看起来很傻的新闻片段。当然，这些片段往往很不公平，因为它们都是断章取义炮制出来的。斯图尔特的借口是，他的节目是喜剧节目，而不是严肃的新闻，但他仍然为其观众定下了一个基调。当他们确实去倾听对立的消息来源时，每一方都被训练成去嘲笑对方糟糕的部分，而不是学习对方好的部分。

　　如果每个人对事实及其相关的分析与评论都是从相互矛盾的来源中获得的，那么到头来他们始终都在支持相对立的立场也就不足为奇了。他们鄙视与自己意见相左的人同样也不足为奇了，因为那些人似乎对一些最基本、最核心的事实都一无所知，而这些事实早已是妇孺皆知的新闻——这些新闻至少是他们看到过的。

你为什么要提问？

如果对手如此无知，那么问他们为什么相信自己所信的事情，也不会有什么收获。这也是如今很多人不再询问对方理由的一个原因。

人们不再向对手询问理由的另一个解释是文化的因素。在某些圈子里，人们不屑于问别人为什么这样想和这样做，因为他们认为这是幼稚或不礼貌的行为。宗教就是其中一个例子。宗教信仰会影响人们在许多关键性和分歧性议题上的立场。但是，当一个穆斯林走进房间时会发生什么呢？会有人问这位穆斯林为什么相信《古兰经》是一本圣经吗？或者他们为什么相信穆罕默德是一个先知？我从来没有听说过有人在这种情况下问出这些问题，也许是因为他们不期待得到任何有用的或有理有据的回答。相反，人们要么回避宗教话题，转而谈论其他事情，要么避开穆斯林，并假设他同情恐怖主义。这两种反应对现有的局面没有任何改观。对房间里的这头大象——宗教，双方仍然完全不了解对方立场背后的任何理由。基督教徒、犹太教徒、印度教徒和无神论者也都是如此。

同样也可以来看看同性恋婚姻这个议题。在欧美持自由主义立场的朋友中，如果有人说政府不应该承认同性恋婚姻，那么这个人会立即被贴上古板偏执狂的标签，并受到人们的排斥。如果有好事者费力去询问"为什么不应该承认同性恋婚姻"，那么这个提问者应该早已做好准备，去驳斥任何偏向保守主义的答案。他们不会同情地倾听，不会善意地理解，也不会从对方的回答中寻找任何真理。

反过来，保守主义者将同性恋婚姻斥为恶心、不道德或不自然的事情，然后将支持同性恋婚姻者斥为被同性恋倡导团体蒙骗的傻子。他们认为，美国最高法院支持同性恋婚姻合乎宪法的意见完全是政治的产物，是司法权力的过度扩张，而不是严格的宪法解释——甚至在他们阅读关于这些意见的论证之前，就已经有这种认识了。[7] 如果你认为那些意见是错误的，那么为什么还要再费心去仔细阅读司法意见呢？这样的态度让任何一方都无法深入发掘出双方的理由。

此外，即使人们提出了问题，这些问题也往往被忽视，得不到回答。我们可以来看任何一场政治辩论。主持人提出一个严肃的问题，然后候选人则继续谈论着与此完全不相干的话题。有时，发言者会把问题当作他发言的背景信息，但永远不会真的去回答最初的问题。有时，他们就直接转移话题，甚至没有任何借口。不管是哪种情况，不回答问题的倾向都会助长不再提问的倾向。如果一个问题不可能获得任何真正的答案，为什么还要费劲去提问呢？最终唯一存在的一种问题就是反问，而其答案已经很明显——或者说被提问者认为是很明显的，所以没有人再会回答问题或倾听答案。那么"剩下的就只有沉默"（正如哈姆雷特死时所说的）。

为什么要同对手展开论证？

即使我们自己不愿意保持沉默或被压制发声，我们也有可能想压制别人的声音。我的许多持自由主义立场的朋友不仅不喜欢保守主义者，还很乐于"讨厌"保守主义者。他们认为，他们应当厌恶保守主义者。他们觉得拒绝与对手讲道理，甚至拒绝与对手交流是非常光荣的事情。他们问道："我们为什么要试图理解他们？我们为什么要跟他们保持礼貌？我们需要与他们斗争，而辱骂正是一件合适的武器。如果我们能让他们闭嘴，那就再好不过了。"当然，保守主义者也会给出类似的回应。他们认为自由主义者应该受到他们劈头盖脸的辱骂，因为自由主义者威胁到了国家的福祉，以及保守主义者所珍视的价值观。如果自由主义者能够闭嘴，他们会很高兴。他们的目标正是压制反对者发声。

或许并不是所有人都应当相互合得来。也许有几个志同道合的朋友就够了，这比试图去喜欢每个人要更好。当极端危险迫在眉睫的时候，有些敌人需要用法律甚至枪支来制止，而不能仅仅只靠言语。

尽管如此，如果我们从来没有遇到旗鼓相当的对手，我们会有很大的损失。如果每个人都观点相同，而且没有人去寻找任何新的证据来反思他们都相信的东西，那么理性就无法发挥其魔力了。一成不变的想法会使一切都停滞不前。这个问题如今以回声室的形式出现——人们只与他们的盟友交流。因此，他们很少会遇到任何能修正他们错误的证据或论证。人们缺乏与对方任何论证的接触，这使得他们的自信远远超过了理性。这也会降低他们修正错误的能力，因而他们更容易陷入困境。

约翰·斯图尔特·密尔（John Stuart Mill）在《论自由》（*On Liberty*）中早就提出了这一基本观点。密尔还看到了与各种对话者进行商议的其他好处。当我们需要与对手进行商议时，我们就不得不为自己的立场给出论证，从而更好地理解自己的立场及其支持理由。最近的一项研究发现，"从思想的综合复杂性、思想数量和论证的频率来衡量，不一致的信息会提高思想的质量。"[8] 以上这些都是在完善先前观念的支持理由，但一方更好的论证可以增进双方（提倡者以及反对者）对该立场的理解。我们变得更有理由相信我们所信的事情，同时我们也被迫补充了必要的限定条件，即使我们坚持的立场与开始时基本相同。与对手的交锋对我们帮助很大。

为了尽可能地找到反证据（counter-evidence）和反论证（counter-arguments），我们需要寻找的群体，其成员应该在尽可能多的方面存在差异。[9] 这一条件也有助于那些群体进行广泛的、相互尊重的讨论。[10] 如今，我们有了新的工具来帮助我们实现这个目标。我们可以利用互联网来促成与反对意见的接触，例如，我们可以加入一些群组，其中的成员，我们在其他情况下很少会遇到；或者利用其他数字工具，例如 Reddit 网站*上名为"改变我的观点"（"ChangeMyView"）的讨论版。[11]

我们的目标并不是让所有人都同意一个观点。那多无聊！意见的多样性使人生机勃勃，大受启发。我们的目标也不是让我们对其他立场都保持开放态度。我们不应该对有明显错误的新立场持开放态度。相反，我们的目标是保持礼貌，理解对手，并向他们学习，即使他们是错误的。

当然，我们不能保证经过商议的混合性群体能达到成员间的相互尊重，更不能保证该群体能产生真理或最佳政策。一些出现错误的风险不可避免。不过，通过理性思考以及与反对者进行论证，我们更有机会达成与对手的相互理解和尊重，以及真实的信念与良好的政策。

沉默难道不能给人带来安慰吗？

如果理性的声音不应该被压制，那么我们是否需要整天都谈论有争议的话题？并不是。过多的争论本身就会产生很多问题。大多数时候，我们应该搁置争议，继续生活中比较愉快的部分。

---

* Reddit 是一个娱乐、社交及新闻网站，注册用户可以将文字或链接发布在网站上，使它基本上成为了一个电子布告栏系统（Bulletin Board System，简称 BBS）。——译者注

网络喷子有时会进行所谓的"缠斗式辩论"（sealioning）*。他们要求你一直和他们争论下去，不管他们想争论多久，你都必须奉陪，甚至在你意识到进一步的讨论早已毫无意义时，你仍被迫要与他们白费口舌。如果你宣称自己想停下来，他们就会指责你思想狭隘或反对理性。这种做法非常令人讨厌。理性的声音不应该被压制，但有时也需要给理性放个假。

当我们谈论有争议的话题时，我们并不总是必须让反对者加入讨论。美国许多大学都设立了"安全空间"（safe spaces），当学生想谈论私密和有争议的话题时，可以去那里进行，而不会遇到反对者或怀疑者。这样的环境应该能给学生提供很多支持，并帮助他们恢复和提高自信，对那些经常被他人排斥或谴责的群体来说更是如此。例如，同性恋学生在充满敌意的环境中疲于不停地捍卫自己的生活方式，所以他们可以进入一个安全空间，在其中提高个人优势，因为他们知道在安全空间中没有人会说他们不道德。这样的安全空间与我整体的观点——我们需要遭遇对手，以便向他们学习——是相容的。在生活中，我们有充足的时间来做这两件事。在某些时候进入安全空间，以便让自己准备好在其他时候与对手遭遇，这并没有什么不对——只要每个人最终都能真的走出去，并且经常能遇到反对意见，经常到我们足以理解它们。

---

* 不断要求对方拿出证据或反复提出一个问题来骚扰对方，同时又假装礼貌且真诚。——译者注

即使有适当的时机，真正有价值的也并不是简单谈论争议。我们需要学会用正确的方式与对手交流。拉波波特法则（见第二章）告诉了我们正确说话方式的一部分。本书第二、第三部分会更多讲述究竟什么是与对方在争议话题上讲道理的正确方式。无论如何，重要的是，我们应该认识到，仅仅使用言语是不够的。我们需要的是正确的言语，这就涉及关于彼此理由的礼貌沟通。

1．"Partisanship and Political Animosity in 2016: Highly NegativeViews of the Opposing Party and Its Members" (Washington, DC: Pew Research Center, 22 June 2016), p.2. http://www.people-press.org/2016/06/22/partisanship-and-political-animosity-in-2016/

2．例如，Elizabeth Noell-Neumann, *The Spiral of Silence: Public Opinion—Our Social Skin* (Chicago,IL: University of Chicago Press, 1984)。

3．参见 Miranda Fricker, *Epistemic Injustice: Power and the Ethics of Knowing* (Oxford: Oxford University Press, 2007)。

4．Gregory J. Martin and Ali Yurukoglu, "Bias in Cable News: Persuasion and Polarization", Working Paper #20798 (Cambridge, MA: National Bureau of Economic Research, December 2014).

5．见 Jeffrey Gottfried and Elisa Shearer, "News Use Across Social Media Platforms 2016", Pew Research Center: Journalism & Media, 26 May 2016, http://www.journalism.org/2016/05/26/news-use-across-social-media-platforms-2016/。

6．有一个很有趣的例子，见 https://www.buzzfeed.com/lamvo/facebook-filter-bubbles-liberal-daughter-conservative-mom。

7．*Obergefell v. Hodges*, 576 U.S. ___ (2015). 在另一个议题上，皮尤研究中心 2012 年的一项调查发现，76% 的受访者对美国最高法院关于《平价医疗法案》（Affordable Care Act）的裁决表达了意见，但当被问及最高法院的裁决内容时，只有 55% 的受访者做出了正确的回答。

8．Cengiz Erisen, Dave Redlawsk, and Elif Erisen, "Complex Thinking as a Result of Incongruent Information Exposure", *American Politics Research* (30 August 2017), DOI: 10.1177/1532673X17725864.

9．Cass R. Sunstein, *#Republic: Divided Democracy in the Age of Social Media*(Princeton, NJ:Princeton University Press, 2017), pp.91-92.

10．James S. Fishkin, *The Voice of the People: Public Opinion and Democracy* (New Haven, CT: Yale University Press, 1995). 另参见 Ian Shapiro, "Collusion in Restraint of Democracy:Against Political Deliberation", Daedalus, 146 (3) (Summer 2017), 77–84.

11．见 https://www.reddit.com/r/changemyview/。另见 Cass R. Sunstein, *#Republic: Divided Democracy in the Age of Social Media* 第 134 页注释 69 和第 232 页注释 20。

第四章

论证能做什么

论证本身并不能解决我们的问题。即使是好种子也不能在贫瘠的土地上生长，因此，在论证能够实现任何目标之前，听众必须首先愿意接受它们。为了提高听众的接受程度，我们还需要许多其他美德，包括谦虚、亲切、礼貌、耐心和宽恕。但是，如果这些美德都要在展开论证之前展现出来，那么论证还能带来何种上述那些美德带不来的好处呢？

谁是奴隶？

许多怀疑论者会从一开始就否定理性思考。他们拒绝承认理性思考和论证有我所说的那么大的力量。有时，这些怀疑论者甚至拒绝承认理性思考和论证有任何力量。在他们看来，理性什么也做不了，因为情绪决定了一切。根据他们的说法，我们完全被自己的情绪、感受与欲望驱使，而不是被理性或信念驱使——更谈不上论证了。

为了支持这种观点，这类批评家经常引用近代早期哲学家大卫·休谟（David Hume）有些声名狼藉的一段话："理性是而且只应该是激情的奴隶。"[1]这个简单的口号很容易让人记住，但实际上休谟思虑周全的观点要比这句话更加复杂、更加深奥。

> 为了给这种情感（或情绪）铺平道路，并恰当地分辨其对象，我们发现，往往很有必要如是——事先进行大量推理，做出细致的区分，得出公正的结论，进行广泛的比较，考察复杂的关系，确定并查明一般的事实……在许多美的种类中，特别是那些精湛的艺术中，为了感受到适当的情绪，运用大量的推理是必不可少的。而且一个错误的喜好往往可以通过论证与反思来纠正。我们有公允的根据得出结论，道德之美在很大程度上属于后一种美，它需要我们心智官能（intellectual faculties）的帮助，以便让它对人的心灵产生相应的影响。[2]

休谟在这里解释了推理如何经常先于情绪，影响并纠正情绪，特别是在道德问题上。如果说理性是一个奴隶，那么这个奴隶有时会引导着它的主人。

从休谟这段话中可以得到的一个教训是，将理性与情绪进行对比是一种错误的二分法。我们不需要也不应该这样——要么认为情绪能够主宰一切，理性毫无作为；要么认为理性无所不能，情绪毫无用处。相反，情绪可以被理性引导。事实上，情绪的确可以作为理由，比如，恐惧意味着危险，或者快乐证明做出了正确选择。而且强烈的情绪也可以有强烈的理由来支持，就像有人强奸了我的朋友，我就会感到非常生气。理性并不是要求我们时时刻刻都保持冷静客观。我们天性中的理性与情绪的不同方面确实而且应该如盟友一样共同协作，塑造我们的判断和决定。这二者不需要相互冲突或竞争。

休谟分析的是道德和审美判断，但他的观点同样适用于个人、政治和宗教辩论。怀疑论者经常声称，人们根据自己的感受来选择朋友、政党和宗教立场，这些感受主要有恐惧、愤怒、仇恨、厌恶，当然也有正面的吸引力。他们凭感觉站队，而不是依靠推理或分析事实来选择立场。他们从"应然"（ought）跳跃到了"实然"（is）——他们对世界的认识从"应该是怎样"变成了"实际上就是怎样"。*

当然，没有人否认也不应当否认，情绪对很多热点议题来说至关重要。正是情绪使得热点议题那么"热门"。尽管如此，理性与论证也有一定的作用。如果人们对自己的个人、政治和宗教立场没有什么强烈感受，那么他们就不会变得如此积极主动，也不会去冒疏远他人的风险。然而，如果他们没有用他们

---

* 休谟首先提出了"实然"与"应然"的差异，尝试探究人如何能够从"实然"命题推论出"应然"命题。休谟在《人性论》（*A Treatise of Human Nature*）中提出了著名的"休谟法则"（Hume's Law），即人们不可能从"实然"中推出"应然"。——译者注

的方式对相关事实进行分析和推理，他们也可能不会有这样的感受。理性因此影响着人们的行为，因为行为基于动机和情绪，而这些动机和情绪是由信念和理性思考塑造的。

从个人的例子来看。试想一下，如果有一个人跟你通风报信，告诉你，你工作中的升职竞争对手向老板捏造关于你的谎言，这使得他力压你得到了升职。"那个恶魔！我恨他！我一定要对他以牙还牙！"你的情绪因此被激发起来，这使得你去破坏他的事业。你的愤怒促使你去散播关于他的谎言，但你不巧被发现了。于是，你的老板解雇了你，就因为你损害了他和整个团队的利益。

你的行为如此适得其反、如此具有破坏性，会让许多人给其贴上非理性和情绪化的标签。人们觉得情绪阻碍了你的理性思考，而理性思考本可以阻止你陷入麻烦。如果没有这些情绪，你绝对不会对你的对手做出那些行为。

不过，如果你不相信你的竞争对手捏造过关于你的谎言，不相信他的谎言是你没有得到升职的原因，那么你也绝不会有那些行为。你相信给你通风报信的人，所以你从他的言语中推理出结论：你的竞争对手散播了关于你的谎言。然后，你就假定他的谎言是你没有得到升职的最好解释。这种推理是导致你对你的对手产生强烈负面情绪的原因。如果你不相信给你通风报信的人，或者你不相信竞争对手的谎言对你的升职有什么影响，你就不会如此愤怒、如此睚眦必报，那么你就能保住你的工作了。

如上述这样，理性与情绪共同塑造了人们的行为。有时候，情绪会来自与相关事实关系不大或毫无关系的情形。然而，我们通常对别人发火，是因为我们认为那些人做错了什么。我们的愤怒可能会导致我们采取不理性的行为，但这种情绪最初产生于关于对方的信念，而这种信念可能是推理得出的结论。如果推理本身就有问题，那么这种情绪就没有道理，并且会让我们误入歧途。即便推理能够成立，我们的情绪也会变得过于强烈，以致妨碍我们进一步的推理。无论是哪种情况，我们都需要同时从理性和情绪两个方面来理解人们的行为。如果我们认为行为仅仅是理性或情绪一方导致的结果，那就大错特错了。

这种情况在政治活动的社会层面也是如此。来看看英国的脱欧公投。输掉公投的反对者声称，这场投票由人们的情绪不断推动——包括对移民的恐惧、对政治家的失望等，这些情绪使投票者忘记或忽略了英国脱欧所要付出的经济成本的论证。这种模式很常见。失利的投票者通常会说，他们的对手依靠情绪而非理性行事。但请你想想看。实际上，真的有很多移民涌入了欧洲和英国。[3] 他们确实对英国公民造成了冲击。如果英国公民欢迎他们而不是害怕他们，公投结果的确可能会有所不同。但是，如果基本事实不是如此，比如，移民的数量比原来少，同时假设公民会相应改变他们的信念，那么公投结果也真的会有所不同。如果英国公民被说服相信移民帮助了他们，而不是抢走了他们的工作，耗尽了政府的公共服务，那么公投结果也会不一样。这些事情要靠认知、推理和论证来决定。因此，无论是确定基本事实的论证，还是由这些事实引发的我们的情绪，在我们决定如何做出反应时，都起到了重要作用。在这里，不存在非此即彼的问题。持怀疑论的评论家们过分强调情绪而又过分淡化理性思考。实际上，理性也起着重要作用——并非代替情绪，而是和情绪一起发挥作用。

在很多类似的情况下，理性不是激情的奴隶，激情也不是理性的奴隶。这二者谁都不是奴隶，谁也都不是主人，而是作为同伴和盟友共同努力——或者至少它们能够如此。

还有什么希望吗？

批评者仍然不会放弃。当然，他们会承认，我们的信念会引导我们的情绪。不过，为什么认为推理或论证就真的能决定我们的信念呢？我们的信念可能只是事后合理化行为的产物，是我们为了配合自身感受而编造出来的。我们可能真的相信自己所信的事情，因为我们愿意那样相信。或者我们可能就是毫无理由地相信。那么，理性和论证就与我们的观念毫无关系了。

古往今来，否认论证有任何好处的怀疑论者，往往都有如下的情绪：

> 我得出的结论是：天底下只有一种方法能让人从争论中得到最好的结果，那就是避开它。避开它，就像避开响尾蛇和地震一样。[4]

——戴尔·卡耐基（Dale Carnegie）

要避免争论，它们总是俗不可耐，而且常常很有说服力。[5]

——奥斯卡·王尔德（Oscar Wilde）

很好玩，是吧？

提出以上这种极端的说法非常有趣，但现在我们要问的是，这些说法究竟是否正确或准确。答案当然是否定的。那些都是尖酸刻薄的夸张说法。事实是，虽然我们不可能总是与每个人都讲道理，但这种局限并不能说明论证和推理永远都没有用。

诚然，争论（尤其在网上）会令人感到挫败。对手往往根本不听你讲话。不过，他们有时还是会听的。我曾经认为，哺乳动物都不会下蛋。然后我在维基百科（Wikipedia）上读到，单孔目动物是会下蛋的哺乳动物。[*]我本可以拒绝接受这个信息，但我没有。我用理性思考的方式得出结论：有些哺乳动物的确会下蛋，因为我想了解正确的事实。

我并没有太在意单孔目动物，但有些论证可以在很大程度上改变我们的生活，并使我们的行为与最初的愿望相悖。有一次，我教了一门应用伦理学的课程，讨论动物权利和素食主义。课后，一个学生特意来感谢我。他说："你的课程让我全家更幸福了。"我问他为什么。他说，他的父母都是素食主义者，但他自己却不是。在上课期间，他接受了支持素食主义的论证，所以他更

---

[*] 单孔目动物（monotreme）是哺乳纲原兽亚纲下仅有的一目。只分布在大洋洲地区，主要在澳大利亚东部及塔斯马尼亚生活。现存的单孔目动物有以下两科：鸭嘴兽科（Ornithorhynchidae）及针鼹科（Tachyglossidae）。——译者注

理解他的父母了。而且他决定成为一名素食主义者。"为什么要吃素？"我问道。他表示，支持素食主义的论证在他看来似乎更有说服力。当然，他有可能被蒙骗了。有可能那些论证对他来说其实没有什么用。或许他其实是希望与家人相处得更好。或许据他所言，他已经与家人相处得很好了。或许一些动物在工厂化农场受苦的恐怖图片，才是真正让他改变的原因。然而，我并没有给他看任何工厂化农场里动物受苦的恐怖图片，他也没有表示自己看到过这样的图片（他何必要撒谎或忘记呢？）。因此，在这种情况下，论证的确起了一些作用。他变成了素食主义者，因为这些论证给了他成为素食主义者的理由。

还有许多其他因为看到证据而完全改变信仰的例子。梅甘·菲尔普斯-罗珀（Megan Phelps-Roper）就曾表示，她放弃对威斯特布路浸信会*的忠诚，部分原因是：

> 我在推特上的朋友们花了很多时间了解威斯特布路浸信会的教义。通过这样做，他们找到了我长这么大从未发现的教义的矛盾之处。为什么我们主张将同性恋者处以死刑？而

---

* 威斯特布路浸信会（Westboro Baptist Church）是美国堪萨斯州一个以极端反同性恋立场和游行示威活动而为人所知的独立教会。该教会游行示威的方式包括扰乱美国军人葬礼和亵渎美国国旗。该教会由领导者弗雷德·菲尔普斯（Fred Phelps）以及基本来自他家庭的教徒组成。梅甘·菲尔普斯-罗珀是弗雷德·菲尔普斯的外孙女，曾任威斯特布路浸信会的发言人。2012年11月，她宣布改变信仰离开该教会。——译者注

耶稣却明明说："让从未堕落者扔第一块石头。"*我们怎么能一边声称爱所有的世人，一边又祈求上帝毁灭他们呢？事实是，这些网络上的陌生人对我的关怀，本身就是一种矛盾。越来越多的证据表明，另一边的人并不像我被灌输的信念说的那样是恶魔。[6]

当然，她对推特网友的情绪，以及对世人的同情心，在她改变信仰的过程中起到了很大的作用。但这并不意味着理性没有起任何作用。她的情绪让她听从了推特网友的意见，但据她表示，网友们所说的内容也起了很大作用："他们找到了……教义的矛盾之处"。她被"越来越多的证据"说服了。

诚然，威斯特布路浸信会的其他成员并没有改变他们的信仰。也许他们根本没有听网上的言论。这说明，论证本身并不总能完全确保某种信念或行为的产生。然而，人们本来也不应该期望那么多。一根火柴并不是每次都能点燃。有时火柴或火柴盒湿了，有时你划火柴的摩擦力不足，有时供火柴燃烧的氧气不足。此外，有时火柴可能不用划就能点着，比如，你用一根火柴引燃另一根火柴。因此，在所有情况下，一个原因不一定就是某种现象严格的必要或充分条件。尽管如此，当火柴确实在燃烧的时候，划火柴正是使其点燃的原因之一。以此类推，

---

* 出自《圣经·约翰福音》(8:7)，原文为："你们中间谁是没有罪的，谁就可以先拿石头打她。"——译者注

当我们向别人给出关于一个结论的论证时，听众可以根据论证而相信这个结论。

那么为什么怀疑论者还否认论证会影响人的信念呢？这种过于简单化的观点之所以吸引人，是因为每个人都有过给出一个很好的论证却谁也说服不了的挫败经历。但这能说明什么呢？也许只能说明当时没有人倾听或理解该论证，也许只说明该论证可能没有看起来那么好，也可能只是因为听众在当时需要时间来思考。

怀疑论就是由人们不切实际的期望造成的。如果我们期望一个论证是一个无可辩驳的证据，能够让所有人一听就信服，那么我们一定会失望。因为几乎没有一个论证是这样的。如果我们降低期望，使之更加现实，如果我们有足够的耐心，等待一段时间让效果显现出来，而不是要求立竿见影，那么我们会发现，理由和论证能够产生一些影响。有时候，一些论证确实会慢慢地、部分地改变一些人的信念和行为。这种过于温和的说法，可能会让那些要求更多的怀疑论者感到失望，但也可能足以让我们对进步抱有希望。

我们从论证中能得到什么？

我在这里的总体目标是要说明论证是多么迷人且重要，并减少人们对理由和论证常见的误解。大多数人把论证看成是说服别人的方法，或者在某种口角、辩论或竞争中击败别人的方法。

这种观点并非全然错误，但非常片面、有局限性。有些人确实把论证作为一种宣示才能或力量的方式，但论证也可以在社会互动中发挥更多建设性的作用。

学习

想象一下，我和你就跨太平洋伙伴关系协定（Trans-Pacific Partnership Agreement，简称 TPP）展开争论。我认为美国应该被排除在该协定之外。而你认为应该允许美国加入这一协定。我的论证很容易反驳。你可以说服我，跨太平洋伙伴关系协定中所有其他国家都会因为美国的加入而受益，所以应该让美国加入。如果争论就像打架或比赛，那么你赢了。你说服了我，而我没有说服你。

这种想法非常落后。即便你真的赢了，你也没有赢得什么。毕竟，你最终只是维持了你一开始的观点。你可能没有学到任何东西，因为你只是驳斥了所有我反对你立场的论证。你可能甚至都没有更好地理解我或者我最初的立场。因此，你从我们的互动中几乎没有收获任何东西，除了通过赢得与我的竞争或让我看出自己的错误，你获得了一些良好的自我感受。这就是为什么我怀疑你是否真的赢了。

相比之下，我则收获颇丰。我改进了自己的观点。我获得了新的证据和新的论证。与争论之前相比，我加深了对实际情况以及我的新立场的理解。因此，如果我想要追求真理、理性与理解，那么我得到了我想要的东西。这使我成为真正的赢家。

我不应该怨恨反驳我的论证的人，反而应该感谢他们教导了我。但是，要想知道为什么会是如此，我们就需要认识到，论证并不是口角、辩论或竞争。

尊重

给出论证或要求对方给出论证的另一个好处是，这样做可以表达出对听众的尊重。当你牵着绳遛狗时，你想右转，而狗却向左转，你会怎么做？你会拉住狗绳。你不会做什么？你不会对它说："狗狗，听我讲道理。"

把遛狗和与同伴一起散步对比一下。你计划在一个惬意的傍晚，去你第一次造访的一个城市的街道上散步。当你走到一个十字路口，你想向右转，而你的同伴却向左转。你会怎么做呢？你最好不要直接把你的同伴拽着往右转。相反，我希望你会和你的同伴讲道理。你可以说："我认为住处应该在这个方向。"如果他不同意，你可以论证说："我们刚刚不是向右转，再右转，然后再右转的吗？ 如果我没记错，那么现在我们需要向右转才能回去。难道你不同意吗？"你给出了右转的理由，而不是一味强迫你的同伴右转。给出理由的目的，并不仅仅是让他按照你的想法转弯，还在于向他表明，你很充分地意识到他能够理解并回应这些理由，而这跟狗是不一样的。这也告诉你的同伴，你认识到自己可能是错的，而他可能是对的。你给了他回应的机会，可以借此证明你是错的，或者你的论证存在问题。这种关于理由的交流出现在平等的人与人之间，他们互相尊重，承认自己有可能会犯错。给出论证的一个好处是，这可以发出一个信号，表明你正在以平等的方式来对待你和对方的关系。

这个信号不仅在我们给出论证的时候发出，而且在我们向对手要求论证的时候也会发出。当一个孩子在你说完每句话后都要问"为什么"的时候，你可能会感到非常烦躁。不过，当别人不问你为什么不同意他的观点时，你同样也会感到烦躁。当你说："咱们向右转吧。"而你的同伴回答："不，咱们向左转。"对方的回应就是这样，再没有别的了。这会让大部分人感到烦躁。为什么会这样呢？部分原因是我们想让别人认识到，他们欠我们一个理由。但也有部分原因是，我们想让他们对我们的理由感兴趣。比如，问"你为什么要向右转"就体现出对方承认我是那种能给出理由的生物。这是一种尊重的表现。

谦逊

除了能够表现出尊重以外，理性思考和论证的另一个好处是可以使人谦逊。如果两个人意见不一致却没有互相给出论证，只是互相吼叫，那么事情不会有丝毫进展。两个人都还会认为自己是对的。相反，如果两个人都给出论证，阐明支持自己立场的理由，那么事情就可能会有新的发展。一种可能是，其中一个论证被驳倒——也就是说，被证明是失败的。在这种情况下，给出被驳倒论证的那个人就会知道，他需要改变自己的观点。这是让一方变得谦逊的一种方式。另一种可能是，两个论证都没有被驳倒。两人都有一定的理由站在自己这边。即使对话者都不为对方的论证所说服，双方也能理解对方的论证。他们也会认识到，即使他们掌握了一些真理，他们并没有掌握全部真理。当他们认识到并理解了反对自己观点的理由时，他们就能够变得谦逊。

论证如何才能催化出这样的谦逊呢？要降低对手的过度自信，并使他们对你的立场保持开放态度，最好的方法似乎是给出一个压倒性的论证，告诉他们为什么他们是错的而你是对的。有时候，这种方法的确有效，但只在极少的情况下才有用。

通常效果更好的方法是提出问题——特别是询问对方的理由。问题往往比断言更有力。但应该提哪些问题呢？我们需要学会提出正确的问题，也就是那些能引出收效甚多的对话的问题。在一项实验中，布朗大学心理学教授史蒂文·斯洛曼（Steven Sloman）和他的同事们发现，大体上说，问人们他们的提议会如何运作，要比问他们为什么坚持自己的信念，使他们更能对冲突的观点保持谦逊和开放态度。[7]例如，对于碳排放的总量管制与交易（cap-and-trade）政策如何减少全球变暖问题，要求被试一步一步阐明其因果机制。被试发现，他们很难具体阐明这个机制，于是意识到他们对自己的立场理解得不够透彻，从而变得更加温和，对其他观点也保持开放的态度。我们同样可以问自己类似的问题。问问自己，我们的计划应该如何运作，这很可能会让我们变得更加谦虚和思想开放。因为问出这些问题后，我们会意识到自己并没有想象中理解得那么透彻，也没有那么多可以证明自己想法所需的理由。

此外，如果我们经常问别人和自己这样的问题，那么我们很可能事先就会预见到这种问题。哈佛大学心理学家詹妮弗·勒纳（Jennifer Lerner）和宾夕法尼亚大学心理学家菲利普·泰特洛克（Philip Tetlock）分别通过研究表明，可说明性（accountability），即预期要为自己的主张提供理由，会使人们更多地基于相关事实而不是个人的好恶来确定他们的立场。[8]创造出这种充满预期的环境，包括鼓励针对理由提出相关问题的文化，有助于培养人们的谦逊、理解、理性思考和论证，从而为针对理由的问题给出更好的答案。

提出问题和保持谦逊的目的，并不是让人在有理由相信自己的情况下失去信心。适当的谦逊并不是要求一个人失去所有自信，放弃所有信念，或卑躬屈膝，或贬低自己。一个人仍然可以在坚定地坚持自己信念的同时，也认识到有理由相信其他信念，即自己可能是错的，而且自己并不掌握全部真理。给予理由并要求对方给出理由，提出问题并回答对方的问题，可以帮助我们朝这个方向前进。

抽象能力

论证也可以减少两极化。如果人们更加谦逊温和，他们就不太可能接受极端的立场。他们也不太可能对自己的立场十分坚定，以至认为对手是愚蠢或不道德的，所以他们很少会辱骂对手或怀有敌意。

论证还有一种不太明显的方式，可以用来减少两极化。论证可以使人们进行更抽象的思考。当人们为自己的立场（如政治立场）形成论证时，他们通常会诉诸一些抽象的原则，如一般权利（general rights）。另一种方法是诉诸类比（analogy），但这些类比依赖于原本不同的案例之间的抽象相似性。因此，许多常见的论证形式，都要求论证者从特定案例的细节中抽离出来，从更抽象的角度思考问题。

由此，抽象思维就能够减少两极化，至少在其正确的情况下是这样。当人们思考一个政治议题时，他们可以把自己当作国家的公民，也可以把自己当作特定政党的成员。研究表明，当人们的身份认同属于特定政党时，抽象思维会加剧两极化。与此相反，当人们的身份认同是自己国家的整体时，抽象思维就会减少国内各群体之间的两极化。[9]这种效应背后的机制尚不清楚，但从国家角度进行抽象思考的人，既会诉诸将整个国家团结一致的原则，也会诉诸他们与本国其他公民的共同利益。当然，这些诉求对他们国内的许多对手来说也同样有力，所以结果便是两极化程度降低，而且不同群体间的相互理解增加。

当然，抽象能力不一定要停留在自己的国家层面。人们也有可能对自己所属的物种产生身份认同，从而把自己看成和其他人类一样的人，甚至对其他国家的人产生身份认同。我推测，从这个角度出发的抽象思维，甚至可能有助于克服国家间的对立和两极化。

并没有证据表明，政治对手一方一旦认真思索另一方的论证与自己的论证，就会突然与对方变成最好的朋友。我们需要更多的耐心。尽管如此，倾向于更多论证和更好地理解对方论证的文化转向，可能会通过激发更多抽象思维，对两极化状况产生一定影响。

妥协

最后但仍很重要的是，论证可以促成妥协。如果我知道你不同意我的理由，而你也知道我不同意你的理由，那么我们就可以共同努力，找到一个能同时满足我们双方关切的中间立场。想象一下，你赞成提高最低工资，因为任何全职工作者都不应该生活在贫困中，而我反对提高最低工资，因为这会减少穷人的就业机会。你关心的是工人的贫困，而我关注的则是就业机会。知道了对方的理由，我们就可以寻求一个折中的立场——在不损失太多工作机会的前提下，尽可能让工人摆脱贫困。如果我们没有给出理由，省略了"因为"开头的句子，那么我们就不知道该从哪里寻找一个双方都能接受的折中方案。

你可能会问，"那又如何？"我们究竟为什么需要妥协？虽然 82% 坚定的自由主义者喜欢能够妥协的领导人，但 63% 坚定的保守主义者却喜欢能够坚持原则的领导人。[10] 这两种立场都有证据支持。不妥协就会导致战争，但仍有一些妥协非常腐朽落后。[11] 美国著名的例子包括"五分之三妥协"（Three-Fifths Compromise，即在计算各州人口时，将一个奴隶算作五分之三的人），以及"密苏里妥协"（Missouri Compromise，即允许某些地区实行奴隶制，但不允许其他地区实行）。在欧洲，最臭名

昭著的妥协就是内维尔·张伯伦（Neville Chamberlain）对希
特勒（Hitler）的绥靖主义政策。*有时候，或许我们不应该妥
协——就像对奴隶制和希特勒的妥协。然而，这种反思还适用
于如今的妥协吗？如果人们真的像对待奴隶制和希特勒那样痛
恨自己的对手，那么他们也许有理由反对与这种恶魔妥协。但
接下来的根本问题是，双方都像对待奴隶制和希特勒一样对对
方恨之入骨。如果没有这种极端假设，那么妥协往往还是可取的。

　　当然，没有哪种妥协是完美的。妥协并不容易达成，也不
是最理想的结果，而且还存在危险。但妥协仍然是不可或缺的。
在某些情况下，我们需要有能力达成妥协，以便做成其他事情。
最好的妥协是有建设性的，因为它们能创造更多价值，让双方
都得到更好的发展。除非竞争双方了解对方的价值观，否则不
会知道如何达成这种妥协。了解对方的价值观，从而促成妥协，
最佳方式就是认真倾听对方的理由和论证。

我们现在的处境如何？

　　正如我们在前几章中所看到的那样，两极化问题普遍存在
于当今世界各地的政治和文化中。本章指出，更好地理解论证
及其所表达的理由，能够在一定程度上改善这些问题。为什么

---

* 1937—1939 年，张伯伦对纳粹德国和意大利采取了一系列让步的外交政策，
　旨在使独裁者愿意加入国际合作。希特勒则无视 1938 年签订的《慕尼黑协定》，
　于 1939 年 3 月 15 日占领了捷克斯洛伐克。——译者注

这样说呢？因为理由和论证能够表达尊重、增进理解、使人谦逊、减少过度自信、激发抽象思维，这不仅能减少两极化，还能促成人们的合作与妥协。

我深知，这一想法会让许多批评者觉得过于乐观和简单化。难道我不知道论证不可能改变世界吗？我很明白这一点。当然，仅仅学习更多关于论证的知识，再加上给出并要求他人给出更多论证，这样做并不能解决世界上所有的问题。我承认这一点。尽管如此，能够解决部分问题的一个开端，并不会因为它不能一举解决整个问题而一文不值。我的希望是，学习如何论证，可以减少一些使我们产生分歧、阻止我们共同努力的障碍。

1．David Hume, *A Treatise of Human Nature*（1738），II.3.3, 415.
2．David Hume, *An Enquiry Concerning the Principles of Morals*（1751), Section 1, paragraph 9.
3．见"Migrant Crisis: Migrant Europe Explained in Seven Charts", 4 March 2016, http://www.bbc.com/news/world-europe-34131911。
4．Dale Carnegie, *How to Win Friends and Influence People* (New York: Simon & Schuster, 1936).
5．Oscar Wilde, *The Happy Prince and Other Stories* (London,1888).
6．见 Megan Phelps-Roper, "I Grew Up in the Westboro Baptist Church. Here's Why I Left", March 2017, https://www.ted.com/talks/megan_phelps_roper_i_grew_up_in_the_westboro_baptist_church_here_s_why_i_left/transcript?language=en。另见 Adrian Chen, "Unfollow: How a Prized Daughter of Westboro Baptist Church Came to Question its Beliefs", *The New Yorker*, 23 November 2015。更多在证据下激烈改变立场的例子参见 Osha Gray Davidson 的 *The Best of Enemies:Race and Redemption in the New South* (New York: Scribner's,1996) 中关于民权活动家安·阿特沃特（Ann Atwater）与前3K党领袖C.P.埃利斯（C.P. Ellis）部分；网飞（Netflix）上的纪录片 *Accidental Courtesy: Daryl Davis, Race&America* 是关于一位3K党成员的黑人乐手好友以及关于前白人民族主义者德里克·布莱克（Derek Black）的故事的。
7．P. M. Fernbach, T. Rogers, C. R. Fox, and S. A. Sloman. "Political Extremism Is Supported by an Illusion of Understanding", *Psychological Science*, 24, 6 (2013), 939-946. 在他们后来的著作 *The Knowledge Illusion: Why We Never Think Alone* (London:Macmillan, 2017) 的第九章,斯洛曼（Sloman）和费恩巴赫（Fernbach）补充了两个重要的限定条件。第一,在神圣价值（如堕胎）与政策议题（如碳排放的总量管制与交易）上,"如何"类问题有不同效果。第二,"如何"类问题暴露了人们的错觉和无知,也会让一些人感到不安,使他们不愿意讨论这个议题。与所有工具一样,问题只在某些情况下有效,需要谨慎小心地使用。
8．在他们其他关于责任感的著作中,见 Jennifer S. Lerner, Julie H. Goldberg, and Philip E. Tetlock, "Sober Second Thoughts: The Effects of Accountability, Anger, and Authoritarianism on Attributions of Responsibility", *Personality and Social Psychology Bulletin*, 24, 6 (1998), pp. 563-574。
9．Jaime Napier and Jamie Luguri, "From Silos to Synergies: The Effects of Construal Level on Political Polarization", in Piercarlo Valdesolo and Jesse Graham (eds),*Social Psychology of Political Polarization*(New York and Abingdon: Routledge, 2016), pp. 143-161.
10．Pew Research Center, Washington, DC, "Political Polarization in the American Public" (June 2014), p. 59.
11．这种说法出自 Avishai Margalit, *On Compromise and Rotten Compromises* (Princeton, NJ: Princeton University Press, 2009)。

转场部分

从为什么到怎么办

第五章

为什么要学习如何论证

很多人相信，他们已经知道如何论证了——然而他们仅仅宣称有支持自己立场的理由。他们还相信自己很擅长论证——然而他们给出的理由只在他们看来似乎十分有力。而且他们相信自己有能力分辨出糟糕的论证和好的论证——然而他们只是凭自己的想法做出论断。

如果论证和评价论证真的这么简单，那么就不需要再看这本书剩下的部分了。你也不需要学习如何论证了，因为你已经知道怎么做了。

能够论证得好并没有那么容易。事实上，大多数人在很多情况下都不擅长论证。他们一次又一次犯同样的错误。这些倾向并不是由他们的无知或缺乏智慧造成的。如果没有经过适当的训练，即使是聪明人也会认同糟糕的论证并且被糟糕的论证所愚弄。这就是我们都需要努力学习如何论证的原因。

你想做个交易吗？

各种悖论告诉我们究竟还有多少东西需要学习。当著名数学家玛丽莲·沃斯·莎凡特（Marilyn vos Savant）向她的读者提出一个挑战，让他们解决蒙提霍尔问题 [Monty Hall problem，以美国电视游戏节目《让我们做个交易》（*Let's Make a Deal*）主持人蒙提·霍尔命名，也被称为三门问题（Three-Door problem）] 时，这一点就显而易见了。

假设在一个博弈节目中，你有三扇门可以选择。一扇门后面是一辆汽车，选中后面有车的那扇门就可以赢得该汽车，其他两扇门后面是山羊。假设你选择了一扇门，比如 1 号门，在未开启这扇门的时候，知道门后是什么的主持人会先打开剩下两扇门中的一扇，比如 3 号门，而门后面是一只山羊。然后他问你："你要不要改变选择，选 2 号门？"改变你的选择会对你有利吗？[1]

绝大多数读者，包括几位数学教授都回答说，改变选择换门没有好处。这个回答看上去似乎是正确的，因为现在只有两扇门(1 号门和 2 号门)是关闭的，你知道一扇门后面是一只山羊，另一扇门后面是一辆汽车，你似乎没有什么理由认为，一扇门会比另一扇门后面更有可能是汽车。

然而，这种表象有误导性。要想知道为什么，请先回想一下，三扇门后面只有三种可能的排列方式,依次是:车—羊—羊,羊—车—羊,羊—羊—车。如果你一开始选择了1号门,而蒙提·霍尔已经在剩下的两扇门中先露出了一只山羊,要是你改变选择换门,就将在三次换门中有两次都赢得汽车。你只会在第一种排列方式(车—羊—羊)中输,但在另外两种排列方式(羊—车—羊和羊—羊—车)中都会赢。

专家们现在都同意这个解决方法(例如,换门是最好的),但并不是所有人都心服口服。这正是问题的关键所在。我们并不像我们所想的那样善于推理。我们需要学习如何做得更好。

你的愿望会实现吗?

心理学研究也告诉我们,为什么我们需要提高自己的技能。在一些与上文类似的实验中,问题的核心都是在考察人们如何判断一个论证是不是有效的(valid),即当某论证的结论为假时,其前提不可能为真。实验结果揭示出,究竟有多少人会因为他们希望某个论证的结论为真,就评估该论证有效。[2] 来看看这个论证:"如果裁判不公正,那么曼联队(Manchester United)就会输球。裁判在比赛中会很公正,所以曼联队会赢球。"许多曼联队球迷会认为这个论证很有道理。但这个信念是不正确的,因为如果裁判很公正,而曼联队还是输了球,那么这个前提是真的,结论却是假的。而且不管裁判是否公正,曼联队都有可能会输球。球迷之所以会有这种错误,是因为他们不愿意想象球队输球这种可能性，他们想避免这种可能性。这也是为什么曼联队对手的球迷较少犯这种错误的原因。他们乐于承认，无论裁判是否公正，曼联队都有输球的可能性。当然，这并不意味着他们比曼联队球迷更聪明或更有逻辑，因为他们也会对自己喜爱的球队犯同样的错误。双方都在一厢情愿地考虑问题。

　　与此相关的一个缺陷是期望偏差（desirability bias），即人们倾向于寻求信息以支持其希望为真的立场。[3]回想一下你上次站在体重秤上看自己体重的时候。研究表明，如果秤上显示的体重是你喜欢的，那么你更有可能相信这个重量；但如果秤上显示的体重你不喜欢，那么你更有可能先从秤上下来，然后再回到秤上，希望第二次显示的体重会更令你满意。我们在生活中都会做类似这样的事情。

你能信任代表吗？

　　我们的推理和论证也会被启发法（heuristics）引入歧途。诺贝尔经济学奖得主、普林斯顿大学教授丹尼尔·卡尼曼（Daniel Kahneman）把一种经典的启发法称为"代表性"（representativeness）启发法。卡尼曼与他的合作者向实验参与者给出了关于一个研究生的如下描述：

　　　　汤姆的智商很高，但缺乏真正的创造力。他的思维需要保持有条理且明确，需要整齐划一的思维系统，使每个细节都能在其中有适当的位置。他的文笔相当乏味且机械，偶尔会因为一些老套的双关语和科幻类想象力的灵光一现而有些生机。他对展现个人能力有很强的欲望。他对别人似乎没有什么感觉，也没有什么同情心，他不喜欢与别人互动。尽管他以自我为中心，但还是有很强的道德感。[4]

实验参与者们拿到了一份写有研究生九大研究领域的清单。其中一组参与者被要求按照汤姆在某个领域"与（该领域）典型研究生的相似程度"对这些领域进行排序。另一组参与者被要求按照汤姆属于某个领域的可能性来对这些领域进行排序。这两组人还被要求估计这九个领域中每个领域研究生所占的百分比。这些估计值从 3% 到 20% 不等，而且对汤姆的描述更符合人们对一些冷门领域的刻板印象，比如图书馆学。尽管如此，实验参与者对每个领域百分比的估计，对他们所做的汤姆可能所属领域概率的排序几乎没有影响。相反，关于代表性的判断与概率问题的答案几乎完全相关。这表明，这些实验参与者忽略了基线（baseline）的百分比，几乎完全根据他们对代表性的判断来估计概率。他们忽略了本应影响他们推理的关键信息。

你是否应该翻开新的一张？

另一个常见的错误出现在华生选择任务（Wason selection task）中。实验参与者看到四张卡片有一面朝上。这些卡片都是一面有字母，另一面有数字。四张卡片如下：

随后，实验参与者被告知一条规则：

> 如果一张卡片的一面是字母"B"，那么该卡片的另一面就是数字"2"。

任务是翻开所需数量最少的卡片，以确定这条规则是否为真。正确的答案是只翻开写有字母"B"和数字"9"的两张卡片，因为如果写有字母"B"的卡片反面没有数字"2"，或者写有数字"9"的卡片反面有字母"B"，则这条规则为假。

遗憾的是，众多研究一致发现，大多数参与者（高达90%）并没有翻开写有字母"B"和数字"9"的卡片。大多数参与者要么只翻开写有字母"B"的卡片，要么就翻开写有字母"B"和数字"2"的卡片。但是，根本没有必要翻开写有数字"2"的卡片，因为无论另一面是否写有字母"B"，这条规则都不会受到影响。毕竟，规则只说了一面写有字母"B"的卡片的另一面是什么。规则并没有说一面没有写字母"B"的卡片的另一面是什么。

幸运的是，当任务转移到实际情境中时，这种错误就变得不那么常见了。假设四张卡片是如下这样的：

啤酒	水	15	25

然后，实验参与者被告知，每张卡片的一面是顾客的年龄，另一面是该顾客喝了什么饮品。而法律规定：

如果顾客未满 21 岁，就不允许喝啤酒。

这里的任务依旧是翻开所需数量最少的卡片，以确定哪些顾客违法了。在这个更实际的任务中，实验参与者的表现要好得多。一些研究人员用人类的演化史来解释这种成功。我们演化的目的是为了确定什么时候有人违反了社会规则（如法律），而不是为了检验毫无意义的归纳概括（如一面写有字母"B"的卡片的另一面是否有数字"2"）。[5]

我们能变得更好吗？

上述这些实验（还有很多实验）表明，我们远非完美的推理者。唉！我们已经知道这个事实了。这些实验还指出了许多人们经常误入歧途的特殊方式。这点很有意思，帮助我们知道了什么时候需要小心行事。

事实上，我们经常被误导，但这并不能证明我们永远都无法恰当地做出推理。狡猾的心理学家为了让实验参与者犯错误，专门设计了特殊的环境。尽管如此，华生选择任务表明，我们在某些情况下（实际情境）比在其他情况下（抽象情境）可以做得更好。而且，我们可以认识到自己究竟是何时犯的错。当人们在华生选择任务中给出错误答案后，很容易就能让他们知道为什么他们的答案是错误的。他们很少再坚持自己原来的答案。这说明我们可以学习，而且我们可以在对我们有利的情况下，分辨好的推理和糟糕的推理。

其他心理学家已经发现，不同情境更有助于人们做出正确的推理。在华生选择任务中，尽管单独做出选择时他们失败了，但是，当以小组的形式进行选择时，参与者的正确率达到80%。更一般地说，"人们实际上有能力以没有偏差的方式进行推理，至少在他们评价论证而不是给出论证的时候，在他们追求真理而不是试图赢得争论的时候"。[6]此外，人们可以建立一些体制（如科学），由此最大限度地增加发现和排除错误的机会。从长远来看，这会使得人们不再误入歧途。[7]因此，我们不仅可以通过训练，而且可以通过灌输对真理与理解的渴望，以及通过建立纠正错误的体制，来改善人们的推理与论证。这些情况，更有可能在一个能够理解理由和论证的文化中出现。

我们在推理和论证方面的技巧既容易出错，又可以纠正。杯子既不是半满，也不是半空——而是两者兼有。[*]要想在论证和推理方面有更好的表现，就需要付出艰苦、细心的努力，以

---

[*]　出自英文谚语"Is the glass half empty or half full？"，意为"杯子是半空还是半满"。——译者注

及耐心与毅力。虽然困难重重，也不一定能成功，[8]但论证和推理方面的训练与练习可以帮助人们认识到自己的错误，也可以帮助人们避免推理中的错误。[9]这就是为什么我们都需要努力学习如何论证。

1. Marilyn vos Savant, "Ask Marilyn", Parade magazine (1990).

2. 这个错误是以下这本书中讨论的一个更普遍模式的一个例子，见 Daniel C. Molden and E. Tory Higgins, "Motivated Thinking", in Keith J. Holyoak and Robert G. Morrison (eds), *The Cambridge Handbook of Thinking and Reasoning*, (New York: Cambridge University Press, 2005), pp. 295-317。

3. Ben M.Tappin, Leslie van der Leer, and Ryan T. McKay, "The Heart Trumps the Head:Desirability Bias in Political Belief Revision", *Journal of Experimental Psychology: General*,146 ,8(August 2017), 1143–1149.

4. Daniel Kahneman, Paul Slovic, and Amos Tversky(eds), *Judgment Under Uncertainty: Heuristics and Biases* (Cambridge University Press, 1982), 第 4 章。代表性启发法更有名的例子是关于女权主义银行出纳琳达的（第 6 章）。

5. Leda Cosmides and John Tooby, "Can a General Deontic Logic Capture the Facts of Human Moral Reasoning? How the Mind Interprets Social Exchange Rules and Detects Cheaters", in Walter Sinnott-Armstrong(ed.), *Moral Psychology*, Volume 1: *The Evolution of Morality: Adaptations and Innateness* (Cambridge,MA· MIT Press, 2007), pp. 53-120.

6. Hugo Mercier and Dan Sperber, "Why Do Humans Reason? Arguments for an Argumentative Theory", *Behavioral and Brain Sciences* 34,2 (2011), pp. 57-111 at 63 and 72. 另见 Hugo Mercier and Dan Sperber, *The Enigma of Reason* (Cambridge, MA: Harvard University Press, 2017)。

7. 关于科学上这种纠正的过程,见 Miriam Solomon, *Social Empiricism* (Cambridge, MA: MIT Press, 2007)。

8. R. Ritchart and D.N. Perkins, "Learning to Think: The Challenges of Teaching Thinking", in Holyoak and Morrison(eds), *The Cambridge Handbook of Thinking and Reasoning*, pp.775. 这些负面结果可能反映了所测试的特定教学方法中的缺陷。

9. Hugo Mercier and Dan Sperber, "Why Do Humans Reason? Arguments for an Argumentative Theory", pp. 57-111.

第二部分

如何论证

第六章

如何识别论证

我们似乎时时刻刻都在争论。人们在许多问题上意见不一致，而且往往会用很大的嗓门让对方知道这一点。另一方面，人们也很少为自己的立场给出理由。从这个意义上说，论证并不很常见，也不够普遍。那么，论证究竟是多还是少呢？这要看什么能够算得上是论证。本章就将对这个问题展开讨论。

你愿意为一个论证付多少钱？

为了理解什么是论证，我们需要先来看看什么不是论证。富有洞见的哲学家剧团巨蟒剧团曾在他们著名的滑稽短剧《争论诊所》（"The Argument Clinic"）中给出了一些主要对比。*
如果你没有看过这部短剧或不记得其中的内容，你应该去看看。[1]
这部短剧非常经典。

短剧的开头是一位顾客走到诊所前台，问道："请问我可以
买一个论证吗？"前台接待员回答道："5 分钟的论证要 1 英镑，
但一个疗程 10 个论证只要 8 英镑。"尽管后者能省下不少钱，
但顾客还是决定只购买一个 5 分钟的论证。

接下来，前台接待员就需要在诊所里找一个员工来和顾客
争论。她看了一下值班表，说道："杜巴基（Du-Bakey）先生有空，
但他有点不擅争论，他更喜欢调和争端。"调和争端，即可能容
易退让，这有什么不好呢？不管怎样，接待员最后带顾客去找
了 12 号房的巴纳德（Barnard）先生。

顾客沿着大厅走，进入了第一个房间，发现巴纳德先生正
坐在桌子后面。他气势汹汹地喊道："你想要什么？"然后称这
位顾客为"满脸鼻涕的鹦鹉屎堆"和"空虚、势利、恶臭、变
态"。顾客听后感到十分恼怒，解释称他是来争论的。巴纳德先
生则和蔼地回答道："哦，真是对不起，刚刚我这是辱骂……你
需要的在 12A 房间，就在走廊边上。"

---

* 巨蟒剧团（Monty Python）是英国六人喜剧团体，其创作演出的电视喜剧《巨
蟒剧团之飞翔的马戏团》（*Monty Python and the Flying Circus*）在 20 世纪 70 年
代风靡全球，其中一些经典台词被广为引用，后来拍摄了电影《巨蟒与圣杯》
（*Monty Python and the Holy Grail*，1975）、《万世魔星》（*Monty Python's Life
of Brian*，1979）、《生命的意义》（*Monty Python's The Meaning of Life*，也译作"人
生七部曲"，1983）等。——译者注

这个愚蠢的场面引出了我们第一个与论证的对比。辱骂不是论证。我不能仅仅通过骂你"变态",来论证支持我的立场或反对你的立场。为什么不能呢?大概是因为骂你变态,并不能给出任何理由来反对你的立场,更不能给出任何理由来支持我的立场。令人惊讶的是,人们常常忘记这个简单的要点。[2]

再回到短剧中,顾客进入了另外一个房间,房中的斯布雷德斯(Spreaders)打了他的头。当顾客反应过来时,斯布雷德斯对他说:"不,不,不。你要像这样抱着头,然后大喊哇啊啊啊。"接着斯布雷德斯又打了他一下。原来,这个房间是上"打头课"的地方。这个概念听起来很荒唐,但揭示了第二个与论证的对比。论证不是肉体上的争斗——也不是语言上的争吵。论证的目的并不是要让对方的脑袋受伤(无论是通过狠狠打他,还是通过让他努力思考)。

当顾客终于进入正确的房间时,一位名叫"振动先生"(Mr. Vibrating)的专业辩论家正坐在桌子后面。顾客问:"这里是用于论证的房间吗?"医师平静地答道:"我已经告诉过你一次了。"双方的火气从这里开始愈演愈烈。"不,你没有。""是的,我有。""我告诉你了我有。""你肯定没有。""听着,让我们把这件事弄清楚,我肯定告诉你了。""不,你没有。"当医师问道:"你选择的是 5 分钟的论证,还是完整半小时的论证"时,这种反复终于被打破了。然后,顾客意识到发生了什么——他已经争论过了。或者说,他真的争论了吗?顾客和医师不断反复说着"有、没有、有、没有、有、没有",直到顾客突然说:"哦,听着，这不是论证……这只是彼此的矛盾……论证不应该只是双方的矛盾。"

现在我们有了第三个与论证的对比。矛盾在这里指的是否定，所以我们的教训是，论证不是单纯的否定。如果你提出了一个主张，我不能仅仅通过说"不"就来反驳你的主张。不幸的是，很多人忘记了这个简单的教训。他们认为，只要否定别人所说的话，就可以反驳别人的主张。但实际上他们不能。

为什么不能呢？论证中仅仅只有赤裸裸的否定，还缺少了什么？在短剧中，顾客告诉我们："论证是一个运用理智的过程。矛盾只是对另一方说的任何话的自动反驳。"我们还不清楚怎样才能使人拥有理智，但一种解释是，论证需要给出某种证据或理由，而赤裸裸的否定并没有针对被否定的主张给出任何证据或理由。如果仅仅说某个主张是错误的，并不需要拿出任何反对的证据，也不需要给出任何理由来说明该主张是错误的。

这一点就引出了短剧中顾客对论证的定义："论证是一系列相互连接的陈述序列，旨在确立一个命题。"确立命题的这个提法是一个很好的开端，但还有些问题。第一个问题是，确立一个东西，就意味着要把它建立在一个坚实的基础上。然而，有些论证并不稳固，甚至根本没打算稳固。例如，如果我们正在决定去公园还是去博物馆，我可能会说："我们上周去过公园了，所以也许我们今天应该去博物馆。你觉得怎么样？"我打算为我们应该去公园这个命题给出一些理由，但我不必让这个理由非常有力，强到足以确立这一结论。有些论证太过薄弱，以至任何结论都不能确立，但它们仍能给出一些理由。

　　另一个问题是，你无法建立事先已经存在的东西。建立一个国家，就是要在该国还不存在之前创建它，或者使这个国家稳固或持久。同理，确立一个结论，大概也是要让听众相信他们以前从未坚信过的东西。然而，我们经常论证大家事先早已坚信的结论。试想一下，一位数学家已经证明了毕达哥拉斯定理（Pythagorean Theorem，即勾股定理——直角三角形中斜边的平方等于其他两边的平方之和）。然后，另一位数学家又给出了一个新的证明，这个证明更简短，所用的假设条件也更少。这两种证明都是论证，但第二次证明这个定理的目的，并不是为了说服那些不相信这个定理的人。大家早就已经相信这个定理了。然而，数学家们仍然可能想使用较少的步骤和较少的假设条件来证明这个定理，以便确定它究竟为什么是真的，以及它的真实性究竟取决于哪些公理或前提。他们证明的目的是解释这个定理，而不是确立这个定理。在这方面，巨蟒剧团的定义并不完全正确。

论证是什么？

　　一个小小的改动就足以解决巨蟒剧团定义中的这些问题。我们只需要将"确立"（establish）改为"提供支持的理由"。那么论证就可以被定义为："论证是一系列相互连接的陈述序列，旨在为一个命题提供支持的理由。"[3] 理由不需要很有力或很稳固，而且可以支持我们已经相信的事情，所以这个改动就使得薄弱的理由，以及类似于毕达哥拉斯定理的证明都可以算作论证了。

提供理由的陈述被称为前提（premises）。这些前提作为理由所支持的命题被称为结论（conclusions）。因此，我们可以说，论证是一系列相互连接的前提，旨在为一个结论提供支持的理由。[4]

这个定义告诉了我们很多关于论证的东西。它详细说明了构成论证的材料（material）（语言，但不一定是文字或言语）、论证的形式（form）（前提与结论，这样陈述句就可以为真或假），以及论证的目的（purposes）（提供某种理由）。因此，这个定义涵盖了亚里士多德（Aristotle）要求的完整解释（complete explanation）所需要的各个方面——材料、形式、目的与原因。[5]*

这个定义还告诉了我们什么不是论证。根据巨蟒剧团的定义，我们的定义展现了论证与辱骂、争斗和否定的区别。此外，这个定义解释了为什么字典和价格标签中不包含论证，因为它们的目的不是为任何结论提供理由。

即使在我们期待存在论证的地方，我们也常常会感到失望。说话者可能会花很多时间描述一个问题或陈述一个立场，却不为那个描述或立场进行论证。这样的许多例子出现在政治辩论

---

* 即亚里士多德提出的四因说（four causes）。他将世界上事物变化与运动的背后原因归纳为四大类。四因包括：质料因（material cause）、形式因（formal cause）、动力因（moving cause）和目的因（final cause）。——译者注

和采访中。政治家们可以在不给出任何论证的情况下空谈很长时间，这很令人惊讶。记者或其他人就当下议题向政治家提问。政治家们的回答往往只是宣示他们对这些议题的立场。他们清楚地表达了自己的观点与对手的立场有何不同，但他们没有为自己的立场进行论证。我们的定义告诉我们，为什么政治家们说的所有话加在一起都构不成一个论证。因为他们甚至没有尝试给出哪怕一个理由。

论证的目的是什么？

理由有很多种类，而我们的定义并没有具体指出论证中的理由是哪一种或哪几种。这种不明确性实际上正是理由的一个特点，而不是一个漏洞。理由这个概念的不明确性，使我们的定义能够足够灵活地涵盖各种各样的论证。

有些论证给出的理由能够使人们相信该论证的结论。例如，如果你怀疑津巴布韦绍纳人*部落的祖先曾经统治过一个面积更大的地区，那么我可以给你看一本关于大津巴布韦（Great Zimbabwe）的书。这本书会援引许多已得到认同的事实，而这些事实正是论证的前提。它们会给你有力的理由，让你相信津巴布韦绍纳人部落的祖先确实曾经统治过一个面积更大的地区

---

* 绍纳人（Shonas）是在津巴布韦人口中占多数的一个民族。1980 年，津巴布韦独立后的执政党津巴布韦非洲民族联盟 – 爱国阵线（Zimbabwe African National Union–Patriotic Front）就是以绍纳人为主体组成的。——译者注

这一结论。被援引的事实让你有理由相信你以前不相信的结论。

其他论证给出的理由则能够证明行动（actions）而不是信念（beliefs）的合理性。例如，如果你正在决定是否去北京旅游，那么我可以给你看一本关于紫禁城的书。这本书中会有一些图片，描绘了故宫中华美的建筑和文物，如果你去了北京就会看到这些景观。这本书会给你去北京旅游的理由。当然，我也可以给你提供其他事实，给你一个不去北京的理由，或者是在8月去而不是12月去的理由。这些行动的理由也能够在论证中得以呈现。

重要的是，以上两种证明（justification）都有别于单纯的说服（persuasion）。想象一下，如果我给你看一本紫禁城的图集，并以某种方式使你相信，这些照片是津巴布韦一座名为"大津巴布韦"的历史遗迹的照片。我以这种方式来欺骗你，使你相信津巴布韦绍纳人部落的祖先曾经统治过一个面积更大的地区。我并没有尝试给出什么真正的理由，而是试着把你会当作理由的东西呈现出来。如果你受到欺骗而相信了这个结论，那么我确实说服了你，但我并没有证明你的信念（尽管这个结论是真的），因为你的信念建立在虚假的基础之上，而这些虚假的基础并不是真正的理由，不能支持你所相信的结论。因此，说服是论证的另一个目的，它不同于对信念或行动的证明。

然而，还有另一种理由，即解释为什么某件事情会发生，也就是解释现象的原因，而不是证明对这些现象的信念。想象一下，如果你参观了日本的福岛核电站，并且看到它位于一片废墟中。你便知道它已经被毁掉了。你能够明白这个事实。但你仍想知道究竟是什么摧毁了它。众所周知的解释是，海啸摧毁了福岛核电站。这个解释可以换成一个简单的说法："这个核电站受到了海啸袭击。凡是被海啸袭击的核电站都会被摧毁。这就是这座核电站为什么（以及如何）被摧毁的。"这个论证给了你一个为什么核电站会被摧毁的理由，尽管你已经相信它被摧毁了。这个论证解释了现象，却并没有证明关于这个现象本身的观念。

我们的定义允许论证给出上述这些种类的理由，这有问题吗？不，完全没有。恰恰相反，我们的定义涵盖了这么多种类的理由，这正是该定义的一个优点，因为论证可以被用来给出所有这些不同种类的理由。正如理由可以证明信念或行动的合理性，或解释现象一样，论证也可以如此。论证之所以可以被定义为给出理由，是因为理由这个概念的含混（vagueness）（或者更准确地说，不明确），正好符合论证在目的上的多样性。

什么时候会（被）给出论证？

好吧，你可能会认为，论证本身就会给出理由。不过，这还没有告诉我们，如何去识别论证究竟在什么时候出现。我们怎样才能识别说话者什么时候在论证，什么时候没有在论证呢？我们只需要弄清楚他们什么时候在给出理由就行了。但是，我们怎样才能确定这一点呢？

这往往是出人意料的简单，因为说话者会用特殊的词语来标明论证和理由。想象一下，有人只说了以下这样的话：

> 马可波罗开辟了一条从欧洲到中国的贸易路线。
> 互有贸易往来的国家会相互影响。
> 中国发生的事情会影响欧洲。

到目前为止，这只是三个句子或三个命题的列表。我们只要加上"所以"一词，就可以把它变成一个论证。

> 马可波罗开辟了一条从欧洲到中国的贸易路线。
> 互有贸易往来的国家会相互影响。
> 所以，中国发生的事情会影响欧洲。

"所以"一词标志着这个列表是一个论证，前两个命题是支持最后一个命题的理由。

我们还可以用其他的词来达到相同的目的。

> 因为马可波罗开辟了一条从欧洲到中国的贸易路线，
> 而且互有贸易往来的国家会相互影响，
> 中国发生的事情会影响欧洲。

这样一来，"所以""因为"等词就标志着此处存在论证，于是我们就把这些词称为论证标记（argument markers）。有时，论证标记后面的句子是前提或理由，我们可以把这些词称为理由标记（reason markers）或前提标记（premise markers）。在其他情况下，论证标记后面的句子是结论，我们可以把这些词称为结论标记（conclusion markers）。在上述例子中，"所以"一词就是结论标记，"因为"一词则是理由标记。当然，结论标记的词还有很多，包括"因此"(therefore)、"从而"(thus)、"由此"(hence)、"于是"(accordingly)、"这表明／确立／证明／提供证据"(which shows/establishes/proves/is evidence that)等。同样也有很多理由标记，包括"鉴于"(since)、"由于"(for)、"事实表明／确立／证明了"(which can be shown/established/proven by the fact that)等。所有这些词和其他类似的词都表示一个论证即将出现。

这一改变太神奇了。增加了一个小小的词，就能奇迹般地把仅仅只是几个句子的列表变成一个论证。"下雨了，而且我拿着伞"不是一个论证，但"下雨了，这就是为什么我拿着伞"就是一个论证，而"下雨了，因为我正拿着伞"也是一个论证。当然，这第二个论证很糟糕，因为我拿着伞不能解释为什么在下雨。不过，即使这个论证非常糟糕，它也是一个论证。

说话者是否在给出论证很重要，因为这会改变说话者将受到的批评种类。如果我说："红红个子矮，这说明她不是一个好的足球运动员"，那么我就是在给出一个论证。如果这个论证不好，我就会受到批评——也就是说，如果个子矮并不能成为说明某人足球水平低的理由。相反，假设我只说："红红个子矮，而且她不是一个好的足球运动员。"现在我只是做出了两个断言，但并没有宣称它们之间有任何联系。我并没有从这句话论证到了另一句话，也没有宣称其中一句话是另一句话的理由。因此，如果这个论证不好，我也不会受到批评。所以，说话者是否在给出论证很重要。

因为这件事很重要，所以我们需要格外小心。论证标记表明存在论证，但实际情况并不总是如此。我们不能仅仅只看这些词。我们还需要思考它们在上下文中的含义。我最喜欢的一张音乐专辑是约翰·哈特福德（John Hartford）的《飞行平原》（*Aereo-Plain*）。其中一首歌的开头是："因为你，每次我唱约德尔调（yodel）的时候都会闭上眼睛，所以现在也应如此。"* 在这里，"所以"这个词并没有被用作论证标记。如果这个词是论证标记，那么我们就可以识别出哪个说法是前提，哪个是结论了；但"现在也应如此"这句话中并没有前提和结论。另一个迹象是，我们不能用不同的论证标记来代替这个词；如果把这个词换成："……因此现在也应如此"，那么这句话就没有意义了。相反，这个从句的意思仅仅只是"现在就应该这样"。那么"因为"这个词呢？这里有一个结论——"每次我唱约德尔调的时候都会闭上眼睛"。但前提是什么呢？"你"这个字不是前提，也不是

---

* 这首歌是《因为你》（*Because of You*）。约德尔调是一种伴随快速、重复地进行胸声—头声间转换的大跨度音阶歌唱形式。产生一串"高—低—高—低"的声音。——译者注

理由。另外，我们不能用另一个论证标记来代替"你"；如果换成"鉴于你的"或"鉴于你"，这句话也没有意义了。因此，哈特福德可能也没有将"因为"当作论证标记。无论如何，我们不能仅仅因为他使用了"因为"这个词，就理所当然地认为他在给出一个论证。同样，我们也不能仅仅因为他使用了"所以"这个词，就假定他在给出一个论证。我们需要看到词语表面形式之外的东西，思考这些词语的含义，以及它们与上下文的联系，以便确定说话者是否打算为一个结论给出某种理由。我们刚才用的一个有效的测试方法是，尝试用其他论证标记来代替我们拿不准的词语。

　　我们也可以在没有任何论证标记的情况下给出一个论证。有时，论证标记是假定存在的，而不是实实在在表示出来的。事实上，有时人们甚至连结论也不明确表示，而只是委婉暗示。例如，韩国前总统朴槿惠（Park Geun-hye）曾因打肉毒杆菌美容针而受到批评。她的一位支持者金九子（Kim Ku-ja）回应称："一个女人打肉毒杆菌针有什么不好？为什么会有问题？"[6] 金九子的反问显然表明，她认为朴槿惠根本没有错，打肉毒杆菌针没有问题。因此，她给出了这样的论证："打肉毒杆菌针没有问题。人们不应该批评没有做错事情的人。所以，人们不应该批评朴槿惠打肉毒杆菌针。"尽管如此，金九子其实并没有明确表示任何前提或结论。她只是提出了问题，而问题在论证中不能成为前提或结论（因为问题不是陈述性的）。因此，金九子实际上并没有明确给出任何论证。她只是间接地暗示了一个论证。

像这样暗示出来的论证，表明我们为什么需要认真思考一个说话者是否在给出论证，以及他给出的是什么论证。我们的定义可以引导这种探究，让我们去询问对方是否打算给出任何一种理由。然而，在有些情况下，这个问题仍然会不清楚。当我们不确定说话者是否打算给出一个论证时，我们仍然可以询问这个论证会是什么，会不会有什么好处。毕竟，重点在于是否有理由来支持结论。

1．见 Monty Python, "Argument Clinic" sketch(1976), https://www.youtube.com/watch?v=kQFKtI6gn9Y&t=136s。

2．见后文关于诉诸人身谬误的部分。

3．这个定义来自罗伯特·福格林（Robert Fogelin）。我们二人曾一起为一个与此类似的定义辩护过，见 Walter Sinnott-Armstrong and Robert Fogelin,*Understanding Arguments: An Introduction to Informal Logic,* 9th edn (Stamford, CT:Cengage Advantage Books, 2014)。

4．关于前提和结论究竟是陈述、命题还是句子的技术问题，我在此不会过多讨论，因为这些细节并不影响本书的整体问题。我也会允许只有一个前提的论证，但它们必须至少有一个前提。如果说话者知道这些前提根本不是真正的理由，但他提出这些前提是为了愚弄某些听众，那么怎么办？我倾向于认为他给出了一个论证，尽管他并不打算将其前提作为其结论的真正理由。这解释了为什么我把论证定义为提供理由，这意味着他们的前提是成为或被视为其结论的理由。

5．Aristotle, *Physics* II, 3, and *Metaphysics* V, 2. 请注意，论证者使论证能实现某种目的，就是让论证者给出论证的原因。

6．"Conservative South Koreans Rally against President Park's Impeachment", *Asia Times*, 17 December 2016, http://www.atimes.com/article/conservative-south-koreans-rally-parks-impeachment/

第七章

如何停止论证

论证一旦开始，就很难停下来。这个众所周知的道理并不意味着很难制止争吵。我们已经看到，论证并不是争吵。相反，这里的问题是，论证需要前提。我们为什么要相信论证的前提呢？为了证明这个前提，我们还需要另外一个论证。但是，第二个论证也有其自己的前提，需要由另一个论证来进一步证明，而这个论证又有其自己的前提，也需要由另一个论证来证明，如此往复，永无休止。这种无限回溯（regress）的方式，展现出论证开始后难以停止的另一种形式。这使一些怀疑论者感到疑惑：除了已经被前提所囊括的东西，论证是否还能实现其他目标。本章将讨论应对这一挑战的方法。

我们能不能快点停下来？

要明白这个问题，请想象一下，假如我相信电影《印度往事》

（*Lagaan*）讲述的是印度的税收和板球。（这实际上是一部很好的电影，你应该看一看。）我的信念是真实的，但可以证明这个信念吗？仅仅是我相信这件事这个事实，并不能让我有合理的理由相信它。毕竟，许多人在没有理由的情况下，也会相信各种愚蠢的主张。[1]此外，我的想法是真实的这个事实，也不能让我有合理的理由相信它，因为我可能会无缘无故或者以一个非常愚蠢的理由相信它。我们至少需要一些像样的证明、理由或证据，去证明一个信念。对我来说，要想证明自己的信念，一个方法就是去看这部电影，这样我就能通过自己的眼睛获得视觉上的证据。即使我从来没有看讨这部电影，我也可能通过阅读一篇描述其情节的影评，而有理由去相信自己的想法。但是，如果我从来没有看过这部电影，也从来没有听过或读过任何关于这部电影的报道，那么，很难看出，我究竟如何才能有合理的理由去相信《印度往事》是关于印度的税收和板球的。

　　如果我确实有证据，那么我可以将证据转化为论证的形式。如果我的信念是基于个人的经验，那么我的论证可能就像这样简单："我看过了电影《印度往事》。我可以看见并且听到，这部电影讲的是印度的税收和板球。当我看见和听到印度的税收、板球和印度的时候，我就能辨认出它们。因此，《印度往事》讲的是印度的税收和板球。"或者，如果我没有看过这部电影，但读到了关于它的文字，那么我可以这样论证："维基百科上说，《印度往事》讲的是印度的税收和板球。维基百科通常对这样的事实描述准确。因此，《印度往事》是关于印度的税收和板球的。"

无论以哪种方式，我都有合理的理由相信，《印度往事》是关于印度的税收和板球的，只因为我拥有可以被纳入某个论证中的信息（尽管我可能不需要明确地阐述任何论证）。如果我没有足够的证据来支持任何种类的论证，那么我就不能有合理的理由相信《印度往事》是关于印度的税收和板球的。

当然，上述这些论证中的每一个都有可以被质疑的前提。我诉诸个人经验，假设了我可以区分板球和其他运动，而且我没有听错或记错电影中的内容。然而，我需要一些理由来假定我可以准确无误地辨认出板球，因为《印度往事》中的运动可能是其他一些我从未听说过的运动，而这种运动看起来很像板球。我还需要一个理由来假定我可以辨认出这部电影是关于印度，而不是巴基斯坦、孟加拉国或斯里兰卡的。例如，因为这些国家的边界已经发生了变化，而我并不是该地区的专家。此外，我需要一些理由来假定我的听力和记忆力在这种情况下是可靠的，因为我有时会误解别人说的话，而且我的记忆力也并不总是一定准确的。因此，我需要好几个理由来支持我原来论证中的假设。这样就又需要其他有自己前提的论证，比如，这部电影我看过了好几遍，电影中经常提到税收、板球和印度，而我只有在这样重复的情况下才很少犯错。但是，这些前提依然可以被质疑，然后需要再用另一个论证来证明，以此类推。如果这种回溯永远不结束，那么很难看出，我究竟怎样才会有合理的理由相信《印度往事》讲的是印度的税收和板球。这种结果令人惊讶且苦恼。

根据哲学上怀疑论者的观点，所有的信念都存在这个问题。[2]他们假设，每一个前提都需要一些证据来证明，而证据总是可以被放入某种论证中。每一个论证都需要前提，而一个论证如果不证明其前提的合理性，就不能证明其结论的合理性。这些似是而非的原则，共同形成了一个无限的回溯——前提需要证明，这个证明需要更多的前提，这些前提又需要更多的证明，这些证明又需要更多的前提，永无休止。如果无法摆脱这种回溯，那怎么会有人拥有合理的理由去相信任何东西呢？

要是我们一直停不下来呢？

这里的挑战主要是：（1）一个主张如何在没有任何证据的情况下被证明；（2）如何用不能被放入论证形式的证据来证明一个主张；（3）一个论证如何通过诉诸那些本身并未得到证明的前提来证明其结论。几个世纪以来，哲学家们一直在争辩是否可以，以及如果可以，应该如何应对这些挑战。我个人怀疑，这个回溯问题是否有任何普遍性的理论解决方法。[3]那么，从某种程度上来说，怀疑论者是正确的，即没有任何信念，在他们所要求达到的程度和方式上能够被证明。

那又怎样呢？这说明了什么？有些人的结论是，论证根本就不能实现任何目标。然而，得出这种强硬的结论太操之过急了。相反，在我看来，这种回溯只表明，怀疑论源于提出的要求太多。要想避免怀疑论，我们只需要降低我们的欲望、希望和标准。[4]

我们需要学会接受那些我们能够实现的事情，即使这并不都是怀疑论者可能期待的。

怀疑论者不会对任何论证感到满意，除非有论证排除了所有相反的可能性，并说服了所有人。这就是为什么他们永远不会满意。然而，总会有一些我们无法排除的可能。比如，你可能会很肯定地认为，你知道自己的名字，但你怎么能排除这样一种可能性——在你出生后不久，医院就把你和另一个有不同名字的婴儿调换了。[5]你可能会拒绝严肃对待这种可能，但这种拒绝并不能说明它是假的。尽管如此，通过排除那些我们和我们的听众不能严肃对待的可能性，我们还是可以实现很多目标。

我们需要说服所有人相信吗？不用。毕竟有些人觉得所有人都在骗他，他们可能会拒绝接受我们的前提或拒绝倾听我们的话。这种如此固执己见的人比我们想象的要少很多。尽管如此，我们不可能触动每一个人，所以这没有什么大碍。

我们仍然可以实现很多目标，通过诉诸某些人拒绝但大多数人接受的前提，特别是如果我们试图触动的听众是那些接受我们前提的人。每一个论证都需要针对它能够触动的听众，才能取得成功。

为了阐明如何在政治论证中限定我们的目标，让我们简化地、人为地把政治光谱分成三部分。左边最极端的三分之一，可能会质疑任何保守主义政策论证中的某些前提。反过来，右边最极端的三分之一，可能也会质疑任何自由主义政策论证中的某些前提。这些极端分子即使花时间去倾听对方的论证，也是不会被任何论证触动的。然而，尽管有这些限定，通过针对政治光谱中间的三分之一，论证仍然可以实现其温和的目标。

这中间的三分之一更愿意倾听并尝试理解我们，而且他们不拒绝常识性的假设。最近的一项研究[6]发现，在关于气候变化的辩论中持极端立场的双方，只更新支持其立场的信息，而不去更新与其立场相反的信息。这是个坏消息。而好消息是，在同一场辩论中，温和派会根据双方的信息不断更新自己的观点。他们对各种证据都做出了回应。如果这种趋势在其他辩论中也重演，那么一些论证可以通过使用中间的三分之一能够接受的前提，来触动他们，即使一些极端分子拒绝接受这些前提。如果我们运气好，触动中间的三分之一，通常就足以左右一场选举，那么这些温和的听众就至关重要了。这样一来，论证往往可以实现重要的实际目标，即使这些实际目标存在限制，即使论证对怀疑论回溯的挑战，没有普遍性的理论回应。

我们如何才能停下来？

我们仍需要想办法，让那些有限的听众受到他们不会拒绝的前提的触动。换句话说，我们需要现实生活中有能够停下回溯的东西。幸运的是，我们的语言已经为这个目的提供了工具。主要有四种工具：保护（guarding）、保证（assuring）、评价（evaluating）和抵消（discounting）用语。这些词语可以看作处理潜在反对意见的方法。

保护

我们停下回溯的第一个方法是削弱前提。要明白这一点，想象一下，假如你在低洼地区拥有一栋房子。一位来访的保险代理人认为："你应该买一份洪水保险，因为所有低洼地区的房子都会被洪水冲毁。"这个论证很容易反驳，因为其前提是错误的——并非所有低洼地区的房子都会被洪水冲毁，有些房子就能幸免。为了防范这种反对意见，保险代理人可以将这个前提削弱为——低洼地区的一些房子会被洪水冲毁。现在，这个受到保护的前提是真的，但这个论证又遇到另一个问题——这个前提太弱，不足以支持其结论。如果低洼地区只有百万分之一的房子被洪水冲毁，那么的确有些房子被冲毁了，但这还不足以证明花钱买洪水保险的合理性。保险代理人需要的是一个过于强以至无法辩护的前提（"所有"）和另一个过于弱以至无法支持的前提（"一些"）之间的中间路线。这里有一种中间的可能性——低洼地区的许多房子被洪水冲毁。这个前提似乎既真实又足够强，足以给出一些购买洪水保险的理由。当然，"许多"这个词太模糊，无法具体说明这个理由究竟有多强（这影响你应该花多少钱买洪水保险）。尽管如此，从"所有"到"许多"的改变，避免了一些最初步的反对意见，从而改进了论证。

承认不确定性也可以达到同样的目的。如果不说你的房子肯定会被洪水冲毁，保险代理人还可以这样说："你应该买一份洪水保险，因为你的房子可能会被洪水冲毁。"然而，洪水有一定可能性这一事实，很难证明购买洪水保险足够合理。如果真是这样，那么我们也得买流星险，因为任何房子都可能被流星砸毁。执着的保险代理人可以试试这个前提的中间路线——你的房子有很大概率会被洪水摧毁。"很大"一词的模糊不清会让人产生疑问，但至少让这个前提更容易辩护，而且还强到足以为结论提供一些理由。

这些简单的例子阐明了保护用语（guarding terms）的作用。将前提从"所有"改为"许多"（或"大多数"）或"一些"，或从"肯定"改为"可能"或"很大概率"（或"很可能"或"有较大可能"），这就是在保护前提。保护前提的其他方法还包括加入个人看法，如"我相信（或我认为或我怀疑或我害怕）你的房子会被洪水冲毁"，因为如果要反对这种关于我自己心理状态的陈述，就等于否认说话者相信他所自称相信的东西。我们怎么能否认这一点呢？所有这类保护用语的目的，都是为了使前提不那么容易受到反对，从而把糟糕的论证变成更好的论证，并且停止理由的回溯。

尽管保护用语很有用，但也有可能被误用。一个常见的伎俩是先引入一个保护用语，然后不再使用它。一个保险代理人可能会说："洪水可能会冲毁你的房子。那真是太可怕了。想想你所珍爱的财产。你的家人可能会因为洪水而产生巨额的医疗费用，并且在你找到一个新家之前，不得不住在其他地方。在这种情况下，我们的洪水保险将支付所有这些费用。这些费用加起来要比洪水保险的价格高得多。所以，洪水保险非常划算。"这到底是什么情况？在最后，保险代理人将洪水冲毁你的房子所产生的费用与洪水保险的价格进行比较。如果你的房子实际上会被洪水摧毁，这种比较就是有意义的。然而，一开始的前提只是声称洪水可能会冲毁你的房子。如果洪水只有微乎其微的可能性冲毁你的房子，那么这种受损失产生的费用就需要比洪水保险的价格高出许多倍，才能使这个保险值得购买。保险代理人试图通过不使用保护用语，来掩盖这一明显的重点。要小心这种伎俩。

另一个伎俩是完全省略量词。人们经常说"低洼地区的房子会被洪水冲毁"这样的话。这究竟是指所有、一些、许多还是大多数房子？如果这是指所有房子，那么这就是假的。如果只是指一些房子，那么这就是真的，但不足以支持购买洪水保险。如果是指许多房子，那么这就是很模糊了。到底是哪个意思呢？在我们更准确地理解这个前提的主张之前，我们无法确定关于它的论证是否有效。当有人试图使用这一伎俩时，你最好的回答通常应该是："你指的是全部、一些、许多还是大多数呢？"

让我们把这些教训应用到一个有争议的政治例子上。2017年年初，美国停止向六个穆斯林人口占多数的国家公民发放签证，包括伊朗、利比亚、索马里、苏丹、叙利亚和也门。虽然这个名单在2017年晚些时候得到修改，但我们要问，什么样的论证能够支持原来的旅行禁令？

一个普遍的前提很简单——"穆斯林是恐怖分子"。但这到底是什么意思呢？这个前提太模糊了，在我们明确指出这究竟是指所有、一些、许多还是大多数穆斯林之前，无法对其做出评估。

第一种可能性表明的是如下这个论证："所有穆斯林都是恐怖分子。这六个国家中的每个人都是穆斯林。因此，来自这些国家的每个人都是恐怖分子。"这个论证显然非常糟糕，可以说不会有人这样提出。即使是这个禁令最坚定的辩护者也意识到，这些国家中的一些人不是穆斯林，而且来自这些国家的大多数穆斯林和大多数签证申请者都不是恐怖分子。

我们如何用保护用语来修正这个论证呢？一种方法是将这个论证的前提从"所有穆斯林都是恐怖分子"削弱为"一些穆斯林是恐怖分子"。这个前提比起"所有穆斯林都是恐怖分子"的说法更容易辩护。但是，这个前提还是太弱了，无法支持结论。如果我们以"一些穆斯林是恐怖分子"开始论证，那么这个前提就不足以支持"禁止所有来自这些国家的人入境"。我们怎么能证明禁止一些不是恐怖分子的政治难民入境的合理性，难道就因为他们恰巧生活在另一些人是恐怖分子的国家吗？我们需要更多的理由来证明禁止这些国家的所有人入境的合理性，所以这个前提已经被保护得过度了。

就像前文洪水保险的例子一样，我们需要的是在一个过于强而无法辩护的前提和一个过于弱而无法证明结论的前提之间，找到一条中间路线。"许多穆斯林是恐怖分子"这个说法怎么样呢？这个前提是否足够强，可以支持禁止这些国家的所有人入境吗？我看不出如何才能做到这一点。一个简单的原因是，即使许多穆斯林是恐怖分子，"没有恐怖分子来自这六个国家"也

可能是真的。所以，我们至少需要一个前提，比如"这些国家
的很多穆斯林都是恐怖分子"。那么现在就足够了吗？还不够，
部分原因是"很多"这个词太模糊了。一万个恐怖分子的确是
很多恐怖分子。但是，如果有一千万人生活在一个国家，其中
一万人是恐怖分子，那么可以说这个国家的很多人都是恐怖分
子，尽管该国只有千分之一（0.1%）的人是恐怖分子。如果我
们以"很多人"是恐怖分子为由，拒绝向来自该国的所有人发
放签证，那么我们就会为了防止一个真正的恐怖分子，而拒绝
999 个非恐怖分子。

也许另一种保护用语也行得通。的确，来自这些国家的每
个签证申请者都可能是恐怖分子。但是，来自任何国家的任何
人都可能是恐怖分子，这也是事实。一些可能性总是存在，因此，
用"可能"这个保护用语作为前提，如果想证明禁止这些国家
的人入境的合理性，那么就必须要证明禁止所有其他国家的人
入境的合理性。接下来，旅行禁令的辩护者可以尝试这个前提：
"来自这些国家的任何签证申请者，都有很大的可能性（或者说
有过于大的可能性）是恐怖分子。"然而，一些签证申请者有证
据表明，他们实际上是在逃避恐怖主义，所以就不清楚为什么
这些特殊申请者也有很大可能是恐怖分子了。但这样一来，这
个被保护的前提似乎是假的。

因此，很难看出以这些保护的方式如何能够挽救这一论证。
事实上，这个论证如此可疑的事实，应该让我们怀疑，这个论
证是否是旅行禁令支持者的真正想法。如果我们想取笑他们，

我们可能会把这种话强加到他们嘴里。但如果我们真的想了解他们及其立场，那么我们就需要尝试从他们的角度来看待这个问题。

他们心里能有什么其他论证呢？一个答案可能是，先问问为什么这六个国家会被单独挑出来。不可能只是因为这些国家的穆斯林占多数，因为许多其他穆斯林占多数的国家都不在名单上。（两个非穆斯林占多数的国家——朝鲜和委内瑞拉，在2017年晚些时候也被添加到旅行禁令中。）相反，该禁令的辩护者声称，这些国家的政府软弱、腐败而且混乱，这使得恐怖分子很容易获得伪造文件。如果没有可靠的证据，签证官很难判断来自这些国家的哪些签证申请者是恐怖分子。如果这些申请者中哪怕只有千分之一的人是恐怖分子，而我们又没有可靠的办法来判断哪些人是恐怖分子，那么给他们中的任何一个人发放签证都是危险的。这是否真的太过危险是另一个议题，但在没有足够安全的证据的情况下就发放签证，肯定有一些危险。如果是这个问题，那么就没有必要再保护这个前提了——无论是从"所有"变成"一些"或"很多"，还是从"肯定"变成"可能"。这里的议题不是恐怖分子的数量或具体案例中的概率，而是关于"究竟哪些签证申请者是恐怖分子"的信息不可靠。这种对现有证据的不信任，解释了为什么禁令的辩护者希望对所有可疑的案例都进行严格审查，并在政治局势使严格审查变得不安全或不可能的情况下，完全禁止发放签证。

当然，我并没有明示或暗示这种论证是好的或糟糕的。评价论证是以后几章的另一项任务，需要有关具体案例的详细事实信息。在这里，我只是试图确定，究竟是哪一个论证在支持旅行禁令，以便我能够理解为什么善良理智的人会支持旅行禁令，同时使我能够理解他们的理由，从他们身上学习，并想出如何与他们妥协。我猜测，至少有一些旅行禁令的支持者心中有类似这种关于可信任消息来源的论证，但其他旅行禁令的支持者心中可能有非常不同的论证。如果是这样，那么我们就需要弄清楚其他的论证是什么，然后努力向他们学习并与他们合作。

保证

上述关于信任的议题，可以直接通过第二个方法来解决，由此能够停止对方的问题和反对意见。假设你想知道谢里夫是否喜欢你，而我想让你相信他真的喜欢你。我可以说："我向你保证，他很喜欢你。"如果你回答道："你的保证没有用，因为我不信任你。"那会显得很不礼貌，或者至少让你不舒服。因此，我的保证使你无法反对我说的话。但请注意，我没有给出任何特别的理由或证据，来证明我所说的谢里夫喜欢你。我没有说他告诉我他喜欢你，没有说我无意中听到他赞美你，或看到他做出好像喜欢你的举动，也没有说一个共同的朋友说过谢里夫的这些事情。当我说"我向你保证，他很喜欢你"时，我暗示我有某种理由向你保证，但我并没有公开具体说明这个理由是什么。因此，你没有特别的理由来反对。我也避免说出了理由究竟有多强，来源究竟有多可信。通过如此之少的具体阐述，我的主张或前提就会变得不那么令人反对，也更容易辩护。这就是如何通过保证来停止论证，并且避免回溯的方法。

我可以不说"我向你保证"，而改成"我肯定"或"当然"、"我确信"或"没错"、"我毫不怀疑"或"毫无疑问"、"毋庸置疑"或"无可非议"、"显然"、"一定的"、"绝对"、"事实上"等。所有这些保证用语（assuring terms）都在暗示某一主张是有理由支持的，但并没有具体说明这个理由是什么。因此，这些保证用语使听众无法再对这一主张要求更多的理由。

在许多情况下，保证是完全行得通的。有些前提确实是显而易见的，有时反对者会在某些前提上以及在某些信息来源的可靠性上都达成一致。在一些情况下，单单只说证据和专家支持某项主张，而不具体说明任何特定的证据或专家，也是有道理的，因为在这种情况下，更多的细节没有意义，也会分散注意力。保证可以节省时间。

尽管保证用语有这些合理的用途，但它们也可能被误用。一个常见的伎俩是辱骂式保证（abusive assuring）。人们经常诉诸这样的过激言辞："你要是瞎了才看不出来……""有点见识的人都知道……"或者"只有幼稚的傻子才会被蒙蔽去幻想……"每当有人转而使用这样的辱骂式保证时，你就应该想一想，为什么他们不为自己的主张提供证据，而采用这种孤注一掷的无礼言辞。

另一个伎俩是暗指一些来源——权威或证据，你知道你的听众会拒绝接受这个来源，而不承认你依据的是这个可疑的来源。因为本身就有争议的理由不能解决争端。想象一下，一个自由主义者看了一个自由主义新闻节目（如微软全国广播公司的节目），然后说：“当然，总统与我们的敌人勾结”或“任何一个关注新闻的人都知道”。这些保证用语并没有明确提到特定的消息来源，所以保守主义的反对者不能通过批评该主张的具体来源来反对这一主张。同样的情况也适用于一个看保守主义新闻节目（如福克斯新闻）的保守主义者，他会说：“只有假新闻（或主流媒体）的受骗者才会指责总统与我们的敌人勾结。”当双方都用保证用语来指代反对者拒绝接受的消息来源时，这些保证用语会让双方的理由都被压制，因为双方都无法讨论未具体指明的来源的可靠性。这种保证用语的确停止了论证，但过早地停止了。

让我们将这些教训应用到前文讨论的美国旅行禁令上。想象一下，一个来自索马里或也门的签证申请者说：“我向你保证，我不是恐怖分子。”一个负责发放签证的签证官有理由怀疑这一保证，因为这正是恐怖分子会说的话。但是，假设一位旁观者（也许是另一位签证官或签证申请者）说：“他毫无疑问只是想逃避战争和恐怖主义。”签证官可能会相信这个旁观者，但规定可能还是要求提供可靠的文件。即使这位旁观者保证：“有很多证据表明这位签证申请者是安全的”，签证官也完全有权要求查看这些证据。那么假设签证申请者出示了看起来像是官方文件的东西。现在，另一方可以诉诸保证。签证官可能会回答：“那份文件显然是不可靠的。我们知道，这样的文件在这个国家的大街上可以买到，恐怖分子无疑也会买到这些文件。"这些保证给出了拒绝签证申请的一些理由，尽管签证官员没有说为什么文件明显不可靠，也没有说为什么签证官知道这种文件的买卖现象，而且毫不怀疑地认为恐怖分子会购买假文件。这种不明确的理由让签证申请者没有办法回应签证官的怀疑。

问题是，保证只有在信任的背景下才能发挥作用。如果你告诉我你很有把握，而且我信任你，那么我可能会赞同你的想法，而不需要问你为什么有把握。但如果我不信任你，那么我就不会被你自信或有把握的保证所动摇。两极化往往会造成这种信任的缺失，所以这减少了许多交流理由的尝试，从而滋生了更严重的两极化。

评价

停止论证的第三个方法是使用评价性（evaluative）或规范性（normative）语言。几个世纪以来，哲学家们一直在争论"好"和"坏"等评价性词语以及"对"和"错"等规范性词语的含义。我无意在此尝试描述或加入这些一般性辩论。我只想说明评价性语言是如何以与保证相同的方式，帮助停止论证的。

有一种传统看法认为，说某一事物好，就是说它符合相关的标准。[7] 一个苹果，当它又脆又好吃的时候就是好的。一辆汽车如果空间大、省油（以及漂亮、启动快、价格便宜等）就是好的。好苹果的标准与好汽车的标准有很大不同，但当某种事物符合与其同类事物相关的标准时，它就是好的。同理，说某一事物坏，就是说它没有达到相关的标准。坏苹果是软乎乎或平淡无味的，而车内拥挤又高油耗的车则是坏车。

"好"和"坏"这两个概念几乎可以适用于任何事物，但其他的评价用语（evaluative terms）则更为专业。一件物美价廉的商品有一个好的价格。一幅漂亮的画看起来很好。一首朗朗上口的曲子有一个好的旋律。一个勇敢的人能够很好地面对危险。一个诚实的人在说真话很好的时候会说真话（但在不说话更好的时候会保持沉默）。这些用语都是评价性的，因为如果不指出什么是好的，同时也不指出一些相关的标准，就无法对这些用语进行充分的解释或定义了。

说话者经常使用评价用语，即使这些词语本身并不是评价性的。如果我说我的孩子去世了，我肯定评价孩子的去世是坏的，但我明确说出来的只是孩子去世这件事发生了。我并没有公开说它是坏的，而且我能够在没有暗示死亡是坏的情况下，说出死亡这件事发生了。因此，尽管死亡是坏的，"死亡"这个词本身并不是一个评价性词语。同样，称某人为自由主义者，尽管这个词语本身也不是一个评价性词语，但保守主义者有时会用这个词语来批评对手。自由主义者以自己是一个自由主义者为荣，所以他们不认为这个词语是一个负面评价。因此，称某人为自由主义者，只是描述此人的政治观点，并不是说此人符合或不符合任何评价性或规范性标准。所以，"自由主义者""保守主义者"等词语本质上并不是评价性的。

让我们把这一点应用到前文关于美国旅行禁令的例子上。

旅行禁令的辩护者会说，向伊朗、利比亚、索马里、苏丹、叙利亚和也门的公民发放签证是危险的。"危险"是什么意思呢？似乎是说这样做风险过高。但是，是什么让这件事的风险过高而不仅仅是有风险呢？这似乎意味着风险已经超过了可接受的标准。这种诉诸标准的情况说明了为什么"危险"一词是一种隐性评价。这同样适用于这场辩论的另一方。反对旅行禁令的人认为，向这六个国家的一些申请者发放签证是安全的。他们的意思是说，这完全没有风险吗？这显然不合理，所以他们不太可能是这个意思。他们的意思可能是，发放这些签证的风险符合可接受的标准。这样做的风险没有那么高。因此，从相关的标准来理解这些主张，就能明确这个议题。双方的分歧之处在于，发放签证究竟会产生多高的风险，究竟多高的风险是可以接受的。以这种方式考虑这个辩论，当然不能完全解决问题，但这有助于双方更好地理解对方。

现在我们可以看到评价性语言是如何能够停止怀疑性回溯的。回想一下，保证用语声称存在一些理由，但不具体说明任何特定的理由，从而避免了对任何特定理由的反对。评价也是这样发挥作用的。当辩论的一方说某件事情好的时候，他们说这符合相关的标准。然而，他们并没有具体说明这些标准是什么。即使他们使用了一个模糊的概念，比如，称一项政策"安全"或"危险"，他们也会确定一种普遍的标准，但仍然没有准确指出该标准规定了什么。这种含混使反对者更难反对，因为他们不知道应该反对哪个标准。此外，评价性语言还可以在标准迴异的人群之间建立联盟。你和我可以达成共识，认为通往目的地的一条路线是好的，即使你说它好是因为路程很近，而我说它好是因为沿途有美丽的景色。你和我甚至可以同意我们之间的争吵是不好的，即使你说它不好是因为这样对你不好，而我说它不好是因为这样对我不好。因此，我们可以对论证中的评价性前提达成一致，即使我们以非常不同的标准接受这些前提。这种一致意见可以避免对这些前提进行进一步证明的需要，所以这可以为论证提供一个共同认可的出发点。

抵消

第四个也是最后一个处理反对意见的方法是预测并抵消它们。对自己的立场提出新的反对意见，这可能看起来很奇怪。你是在试着反驳自己吗？然而，如果你在对手提出反对意见之前，就陈述了一个反对意见并做出回应，那么你就可以用你想要的方式而不是他们喜欢的方式来阐述反对意见。你还会使你的对手不愿意反对你的前提，因为在你已经处理了这个议题之后，他们的反对会显得多余。而你可以对这种反对意见进行抵消，也就是，说出为什么你认为它并不重要。这种策略有时可以使论证终止。

这些功能是通过抵消用语（discounting terms）来实现的。在日常生活中，简单的例子比比皆是。对比以下两个句子：

（1）雷蒙娜很聪明但很无趣。

（2）雷蒙娜很无趣但很聪明。

二者的差别很微妙，但很关键：说（1）的人可能不想和雷蒙娜在一起相处，因为她很无趣。相反，说（2）的人可能确实想和雷蒙娜在一起相处，因为她很聪明。在"但是"一词之前或之后的内容，让一切都变得不同了。

这种不对称（asymmetry）的产生是因为这些句子分别提出了三个主张。第一，（1）和（2）都表明雷蒙娜既聪明又无趣。这样一来，"但是"一词就很像"和"这个词，不过它增加了更多的内涵。第二，"但是"这样的抵消用语，也表明了这两个主张之间的某种冲突或紧张。我可以说雷蒙娜很强壮而且很高大，但要是说雷蒙娜很强壮但很高大，就听起来很奇怪，因为强壮和高大之间没有冲突。相反，聪明和无趣之间存在冲突或张力。因为聪明正是和雷蒙娜相处的理由，而无趣又是不和雷蒙娜相处的理由。第三，带有抵消用语的句子还表明了冲突中哪一方占有优势。"但是"一词表明，"但是"后面的主张要比"但是"前面的主张更重要。这就是为什么说"雷蒙娜很聪明但很无趣"的人不想和雷蒙娜在一起，因为他们认为她的无趣比她的聪明更重要。相反，说"雷蒙娜很无趣但很聪明"的人确实想和雷蒙娜相处，因为他们认为她的聪明比她的无趣更重要。第三个主张解释了句子（1）和（2）之间的差别。

其他抵消用语也提出了同样的三种主张，但方向正好相反。来看一个政治例子。迪尔玛·罗塞夫（Dilma Rousseff）从

2011 年开始担任巴西总统，直到 2016 年 8 月底被弹劾下台。
2016 年 7 月，当时罗塞夫还在被弹劾，巴西人可能会说：

　　（3）罗塞夫虽然是我们国家的总统，但她很腐败。

　　（4）罗塞夫虽然很腐败，但她是我们国家的总统。

　　这些句子称罗塞夫既是总统又是腐败分子，它们也表明了这些说法之间的某种紧张关系。罗塞夫身为总统是尊重她的理由，但她的腐败又是不尊重她的理由。此外，"虽然"一词通常表示，紧随其后的内容不如其他从句中的主张重要。这就是为什么用正确的语气说（3），就表明我们不应该尊重罗塞夫，因为她腐败。相反，用正确的语气说（4），则表明我们确实应该尊重罗塞夫，因为她是我们国家的总统。主张的位置揭示了说话者心中的优先次序。

　　这两种模式在其他抵消用语中反复出现，包括"虽然""即使""即便""尽管""而""然而""但是""却""尽管如此""虽然如此"。所有这些词语都表明了它们所连接的两个主张，同时也暗示这些主张之间的冲突，并按这些主张对当前议题的重要性排序。

　　论证者经常使用抵消用语来保护和支持他们的前提。他们可能会说："你应该让罗塞夫发言。虽然批评她的人可能会反对，称她很腐败，但她仍是总统。"第二句话回应了批评者对于让她发言的反对意见，还增加了一个前提（"她是总统"）来支持你应该让她发言的结论。提出反对意见，并对其做出回应，会使批评者更不愿意反对你的前提，所以有时这样可以停止一个论证。

让我们将这一教训应用到我们一直在讨论的美国旅行禁令的例子上。旅行禁令的辩护者可能会说："当然，来自这六个国家的大多数穆斯林不是恐怖分子，但我们无法判断哪些人是恐怖分子。"这句话阻止了反对者的反对意见——反对者认为该禁令错误地假设来自这些国家的大多数穆斯林是恐怖分子，而该禁令的辩护者刚刚明确否认他们做出了这种假设。另一方面，反对旅行禁令的人可能会说："诚然，我们不能信任这六个国家的文件或者确定谁是恐怖分子，但我们可以在他们到达美国时实行严格的审查。"这句话解释了为什么（随后也承认了）很难分辨谁是恐怖分子，所以这句话也阻止了一种想象中的反对意见，即反对禁令的人太过于天真，以至会认为很容易分辨谁是恐怖分子。这里的两种抵消方式都防止了潜在的误解，从而增加了相互理解和富有成效的讨论的机会。通过同时提到反对意见和给出回应，这些句子使议题双方的理由都得到阐述。由此，双方都意识到了存在相互竞争的想法，这可以增加找到让双方和双方理由都满意的妥协方案的概率。这种对反对意见的抵消，是另外一种可以改善论证的方式。

词语如何能够在一起发挥作用？

我们已经了解了引入论证的方法——论证标记，以及停止论证的方法——保护、保证、评价和抵消用语。这些语言片段中的每一个都是迷人且复杂的。关于它们还有很多东西需要学习。学习更多东西的最好方法是在实际论证中练习识别这些词语。这就是细致分析（close analysis）的目标。

作为示范，我们将慢慢地、仔细地研究一个稍长的例子。它来自"平等交换"（Equal Exchange）机构的公平贸易咖啡广告。[8] * 让我们先阅读整个广告，以便了解其整体结构：

　　一大早就提出这个问题可能有点太早了，但是如果您从大公司购买咖啡，那么您就无意中维持了一个不平等的制度，这会使小农陷入贫困，却让富裕公司赚得口袋鼓鼓。选择"平等交换"咖啡，您就可以帮助做出改变。我们的理念是，以双方商定的价格和固定的最低收购价与小型农业合作社直接交易。那么，万一咖啡市场不景气，我们仍然可以保证农民得到一个公平的价格。所以，喝上一杯"平等交换"咖啡，就能让小农感到幸福。当然，您购买"平等交换"咖啡的决定不一定需要完全是利他的。因为我们也同样为不断改善的美味咖啡的口感而自豪，就像我们因为帮助了生产咖啡的农民而感到自豪那样。欲了解更多关于"平等交换"咖啡的信

---

* 公平贸易咖啡（fair trade coffee），主要是用公正的价格直接和当地的咖啡种植农进行交易。1991 年，英国的几家慈善机构联合成立了咖啡直达（Cafédirect）。这一举措使得咖啡生产商可以绕过传统市场，不经过中间供应商而直接从发展中国家的弱势咖啡种植农手中购买咖啡豆。——译者注

息，或直接订购我们美味、有机和遮荫种植（shade-grown）的咖啡系列，请致电 1-800-406-8289。

要对这段话进行细致分析，我们需要找出其中的论证标记，以及保护、保证、抵消和评价用语。这个练习将揭示出这段话的中心论证。

第一句话里的用词就已经非常值得评论了。为什么作者要说"一大早就提出这个问题可能有点太早了"，而不是"一大早就提出这个问题的确有点太早"？因为读者可能在一天中的任何时候看到这则广告。如果他们是在晚上看到的，那么说一大早就不是真的了。为了避免一开头就有假话，作者加入了"可能"这个保护用语。而"有点"这个词，似乎也是为了防范那些认为"并没有太早"的反对意见。不管怎么说，这种保护有点不寻常，因为这句话并不是中心论证的一部分。这段话的主旨并不取决于在一天中的什么时间读到它。

接下来值得注意的是"但是"一词。我们看到，"但是"是一个典型的抵消用语。它在这里抵消了什么呢？这一点在这里并不完全清楚，但有一种说得通的解释。这句话的其余部分开始了论证，正如我们看到的，这个论证相当严肃。这个论证将表明，购买错误种类的咖啡，会伤害陷入贫困的受害者。对大多数人来说，这个议题太沉重了，根本无法在早上还没睡醒的时候讨论。因此，许多人可能会反对在喝第一杯咖啡时就给出这个论证。"但是"一词预测到了这种反对意见，并指出下面的内容更为重要。

接下来是一个"如果……那么……"（if-then）的句子，也叫条件式（conditional）："如果您从大公司购买咖啡，那么您就无意中维持了一个不平等的制度，这会使小农陷入贫困，却让富裕公司赚得口袋鼓鼓。"请注意，作者并没有指责人们从大公司购买咖啡，也没有指责人们维护了让小农贫困的制度。毕竟，有些读者可能不喝咖啡，或者他们可能已经购买了"平等交换"的公平贸易咖啡。

那么这个条件句是做什么的呢？它的重点来自"贫困"一词。如果制度并不糟糕，维持这个制度没有问题，但如果贫困很不好，那么让小农陷入贫困就有问题了。请注意，一个人是否贫困，并不只取决于他拥有多少货币或多少财产。一个年收入 100 万卢比（约合 1.6 万美元）的人，在一些地区可能就很富有了，这些钱足以让他过上好日子，但在其他地区则仍然是穷人，这些钱不足以让他生活得很好。因此，称某人为"穷人"似乎意味着他的收入或拥有的财富不够，不足以达到过上好日子的一些最低标准。从这个意义上说，贫困很不好，所以"贫困"是一个评价用语。（当然，这并不是说穷人不好，而只是说他们的收入和财富水平较低。）如果这样说来，贫困很不好，那么让小农陷入贫困就是不好的；而维持一个具有这种负面作用的制度也很不好。所以，如果像这句话所声称的那样，从大公司购买咖啡维持了一个不好的制度，那么从大公司购买咖啡就是不好的。这样一来，"贫困"这个评价用语的负面力量就一直回荡到了广告中条件句的最开头，暗示从大公司购买咖啡是不好的。

那么"口袋鼓鼓"呢？这句话是否也是评价性的？在此并不清楚，部分原因是这句话是比喻性的。口袋鼓鼓本来没有错。但是，这个比喻暗示在口袋里塞满（或装满）钱，也暗示钱被藏到了口袋衬里。藏钱的原因大概是因为钱是通过不公平的手段得到的。如果这个比喻的意思是这样，那么"让富裕公司赚得口袋鼓鼓"也表明违反了公平的标准，所以是不好的。因此，这个额外的要点加强了这样一个主张——这个制度很糟糕，所以你不应该通过从大公司购买咖啡来维持它。

作者为什么要加上"无意中"这个副词？也许是因为作者不想指责读者故意伤害穷人。这样的指责很难证明，而且可能适得其反，会激怒读者，并让他们不再往下读。作者想告诉读者如何能够做得更好，而不是把制度性的伤害归咎于他们个人。此外，作者称这种伤害是无意之举，意思是表明喝大公司咖啡的人并不知道自己对贫困农民做了什么，所以他们继续读下去也会有所收获。

那么，第一个结论就是现行的制度很糟糕，但广告的主要目的并不是简单阻止读者购买大公司的咖啡。毕竟，他们还可以完全放弃购买咖啡。相反，作者希望读者购买"平等交换"的咖啡。为了给出一个购买的理由，作者需要一个更积极的论证。

积极的论证从接下来一句话开始："选择'平等交换'咖啡，您就可以帮助做出改变。"这句话实际上并没有说改变是好的。因为有些改变可能会使制度变得更糟。然而，在广告的第一句话表明为什么旧的制度是不好的之后，作者现在似乎假定做出改变是好的。

这句话仍然没有明确表示选择"平等交换"咖啡实际上能够改变什么。原因是"可以帮助"这句话包含了两个保护用语。说人们会帮助做出改变，比说人们确实会做出改变要弱；说人们可以帮助做出改变，比说人们确实帮助做出改变要弱。把这个前提削弱两次，就让这个论证更容易辩护了。反对者不能反对说，购买"平等交换"咖啡本身不足以改变制度，因为广告的作者从来没有提出这种未经保护的主张。然而，尽管这个主张经过了削弱，但这个受到双重保护的前提足以支持这个结论，即如果读者想有一些机会，成为解决贫困咖啡种植农问题的一分子，就应该购买"平等交换"咖啡。这样的机会并不足以让一些读者满意。不过，做出一些好的改变的可能性还是比维持一个坏的制度要好，所以这个受到双重保护的主张，足以让很多读者有理由去喝"平等交换"咖啡。

下一句话很狡猾："我们的理念是，以双方商定的价格和固定的最低收购价与小型农业合作社直接交易。"作者告诉你"平等交换"的理念是什么，但从未实际断言他们做的正是他们相信的事情。这里的"理念"一词可能被看作一种保护，因为它削弱了这个主张，以避免有人提出反对意见，即"平等交换"实际上并不总是以双方商定的价格和固定的最低收购价与小型农业合作社直接交易。不过，作者显然还是请读者假设"平等交换"做的就是他们所相信的事情。

　　这句话还暗示，他们所相信的事情是好的，因而以双方商定的价格和固定的最低收购价与小型农业合作社直接交易，应该也是好的。但是，这句话中没有一个词是明确的评价。说一种行为是交易，没有说它是好的还是坏的。说交易是直接的，没有说它是好的还是坏的。说价格是双方商定的，没有评价这个协议是公平的或好的，因为有些双方协定是不公平的，是不好的。说某一价格有固定的最低价，不是说最低价已经高到可以堪称公平或好。作者从来没有解释为什么这些都是好的。对论证来说，这是一个问题吗？不一定。显然，作者认为这些东西是好的，而且作者可能只想触动那些认同这种评价的听众。也许作者针对的并不是那些认为价格由双方商定是不好的人。如果真的是这样，那么论证可能的确会触动作者试图触动的每一个人。

　　无论如何，下一句话引入了明确的评价："那么，万一咖啡市场不景气，我们仍然可以保证农民得到一个公平的价格。""公平"一词就明显是评价用语，因为只有符合公平的评价标准的东西才能称之为公平。那么这句话中的"万一"（should）一词呢？说某人应该做某事，通常暗示这件事是好事。*但在这里，作者显然不是说咖啡市场应该衰退。要是那样就会是不好的。在这句话中，"should"是指可能的结果或状况，这句话的意思是"如果咖啡市场不景气……"。

---

* 　此处"should"为一词多义。——译者注

　　这句话中还有一个可以被标记的词是"保证"。说保证公平的价格，就是说农民被保证或一定能得到一个公平的价格。谁保证这个公平的价格呢？大概是"平等交换"，因为当地法律并没有规定固定的最低收购价格。因此，如果我们把"平等交换"看作它自己广告的作者，那么"保证"一词就是一个保证用语了。因为作者用这个词来向读者保证，农民将得到一个公平的价格。这相当于说，"农民一定会得到一个公平的价格"。

　　既然我们了解了这句话中其他的内容，再来看看这句话的第一个词。"那么"是一个论证标记，表明前一句话（"以双方商定的价格和固定的最低收购价与小型农业合作社直接交易"）是后一句话（"万一咖啡市场不景气，我们仍然可以保证农民得到一个公平的价格"）的理由。"平等交换"的交易和定价行为给出了一个解释的理由，说明了为什么在市场不景气的情况下，收购价格仍将保持稳定。由于这句话中的评价用语，这个论证也给出了购买"平等交换"咖啡的正当理由，因为该机构的行为促进了一些好的东西——公平中带有稳定。

　　下一句话明确得出了这个总体结论："所以，喝上一杯'平等交换'咖啡，就能让小农感到幸福。""所以"一词的作用是一个论证标记，表明后面的内容是一个结论。奇怪的一点是，这个结论是一个祈使句："喝上一杯'平等交换'咖啡"。祈使语气不是陈述性的，所以这句话不可能为真或为假。这一形式的特征似乎不太可能让这句话成为结论。不过，如果把这个结论当作"你应该喝一杯'平等交换'咖啡"或"我建议你喝一杯'平等交换'咖啡"的省略版本就可以了。作者的本意似乎就是类似于这些更完整的句子。

这句话的后半段引入了一个新的理由："让小农感到幸福"。作者之前并没有提到幸福。"幸福"一词是评价性的，假设让人感到幸福就是让人感觉良好。因此，喝"平等交换"咖啡的这种积极作用，补充了前面避免维持不公平制度的理由。此外，作者不再使用保护用语，提出喝上一杯"平等交换"咖啡，事实上的确会让小农感到幸福。这种更有力的主张，触动了一些听众，只有当一些事情真正拥有好的效果时他们才会感到满意，该主张不像前面的论证所声称的那样，仅仅只是有机会帮助避免坏的效果。然而，不幸的是，这句话提出了一个问题，即喝上一杯"平等交换"咖啡是否真的会让一个小农感到幸福。我们有理由怀疑这一点，但在此我不再赘述。

下一句话展现了保证与保护这两种手段的常见组合："当然，您购买'平等交换'咖啡的决定不一定需要完全是利他的。""当然"一词向读者保证了下面的内容是真实的（没有公开指出任何证据能证明这是真实的，尽管这个证据会在下一句中出现）。然而，读者得到保证的内容是由"不一定需要完全"这个复杂的短语所保护的。如果说一种行为不完全是利他的，与该行为是部分利他的并不冲突，所以这削弱了该行为是完全利他的主张。那么说一种行为不一定需要完全是利他的，就进一步削弱了该行为不完全是利他的说法。这种双重保护的主张是如此之弱，以至只要所做出的决定有可能是部分利他的，那么即使该决定实际上根本不是利他的，也与这一主张不冲突。没有人可以反对这句话，但它怎么可能强到足以支持任何结论呢？好吧，实际上不必如此，因为这句话并不是喝"平等交换"咖啡的积极论证的一部分。相反，这句话回应了可能的反对意见，即作者在要求读者利他。虽然没有抵消用语，但并不是在每一个反对意见被抵消的时候，都需要有抵消用语。在这里，结合上下文来看，这句话抵消反对意见的功能应该是很明显的。对利他主义的主张进行双重保护，是为了抵消任何反对意见，这些意见大都认为作者是在要求读者完全利他。即使是自私的混蛋，也会有理由喝"平等交换"咖啡。

为什么这样说呢？下一句话告诉我们："因为我们也同样为不断改善的美味咖啡的口感而自豪，就像我们因为帮助了生产咖啡的农民而感到自豪那样。"这里的"因为"（for）一词是一个论证标记。我们可以看出该词的功能，因为我们可以在不改变句子基本意思的前提下，用另一个论证标记"由于"来代替它。说"因为我们也同样对此感到自豪"就相当于说"由于我们也同样对此感到自豪"。对比下一个句子中与此相同的词："欲了解更多关于（for）'平等交换'咖啡的信息……"，在这句话中，我们不能用另一个论证标记来代替，说"因为了解更多'平等交换'咖啡的信息……"，这句话是没有意义的。

前一句中的"因为"一词标记了哪个论证呢？这个很简单，就是："我们也同样为不断改善的美味咖啡的口感而自豪，就像我们因为帮助了生产咖啡的农民而感到自豪那样。因此，您购买'平等交换'咖啡的决定不一定需要完全是利他的。"受到双重保护的主张是结论，所以对其进行削弱使它更容易得到支持。当然，不断改善的口感还留下了一种可能性，即口感仍需要进一步提高，而且以不断提高口感而自豪与这种不合时宜的自豪也并不冲突。不过，作者还是明确表示，他们的咖啡口感非常好，这也是购买咖啡的理由。

最后，我们可以将这一论证的两个主要方面结合起来。购买"平等交换"咖啡的原因之一是，这样做可以帮助改变一个糟糕的制度（以及使小农感到幸福）。购买"平等交换"咖啡的另一个原因是，该咖啡不断改善的口感。这两部分加在一起，应该能够为任何热衷于帮助小农或热衷于个体享受精致美食的读者提供一个理由。"平等交换"同时以这两点而自豪，但对于只关心其中之一的读者来说，即使只关心农民或只关心口味，这个论证也是有效的。因此，这个论证通过扩大它所展现的理由范围，而变得更加有力。

像往常一样，我个人并不认可这个论证或其结论。无论你是否被说服购买"平等交换"咖啡——实际上，无论你是否喜欢喝咖啡，这次细致分析的重点并不是被说服与否。相反，分析的目标是理解。我试图让这个论证尽可能看起来不错，以便我们能够评估和学习支持其结论的最佳理由。

我的另一个目标是说明即使一个简单的论证也可以非常复杂。我们的细致分析表明，通过仔细观察仅仅八句话，并关注论证标记加上保护、保证、评价和抵消用语，究竟能够发现多

少内容和策略。我希望，如此详细考察一个例子的过程，应该
能够为在其他论证中使用这些技巧提供一个范本。细致分析同
样可以应用于其他许多领域的许多论证。在你自己喜欢的话题
上试一试。这很有趣。与朋友一起来做会更有意思，这样你们
可以讨论其他可能的解释。

1．与此相关搞笑的例子，见于 literallyunbelievable.org 和 Snopes.com。

2．Sextus Empiricus, *Outlines of Pyrrhonism*.

3．见 Walter Sinnott-Armstrong, *Moral Skepticisms* (New York: Oxford University Press, 2006)，第四章。

4．关于如何将我们的目标限制在某些相对等级中，详见拙作 *Moral Skepticisms*，第五章。

5．Ludwig Wittgenstein, *On Certainty*, edited by G.E.M. Anscombe and G.H. von Wright (Oxford: Basil Blackwell, 1969).

6．Cass R. Sunstein, Sebastian Bobadilla-Suarez, Stephanie C. Lazarro, and Tali Sharot, "How People Update Beliefs about Climate Change: Good News and Bad News"，写于 2016 年 9 月 2 日，见于 SSRN: https://ssrn.com/abstract=2821919 或 https://dx. doi. org/10.2139/ssrn. 2821919。

7．J. O. Urmson, "On Grading", *Mind,* 59, 234 (1950), pp. 145-169.

8．"平等交换"公平贸易咖啡广告（Copyright © 1997, 1998, 1999）。

第八章
如何完成论证

在上一章，我们看到了如何通过细致观察关键词语来分析论证。这种细致分析的技巧可以帮助读者找到文中明确给出的论证部分——前提和结论。即使在这样的细致分析之后，我们仍需要将这些论证中的要素排列成一个可被理解的顺序，然后通过插入没有明确陈述但实际上被假设的前提，来完成这个论证结构。这种方法叫作深度分析（deep analysis）。细致分析和深度分析可以结合起来产生论证重构（reconstruction）。本章的目标是解释深度分析并举例说明论证重构。然而，我们首先需要解释引导这些方法的有效性（validity）标准。

哪种论证才有效？

当非哲学家称一个论证是有效的时，他们往往只是说这个论证是好的。那么，"有效的"一词就是一个评价用语。相反，当哲学家（包括逻辑学家）称一个论证是"有效的"时，他们的意思则完全不同，这既不意味着这个论证是好的，也不意味着它是坏的。

哲学家所理解的有效性这个概念，是关于一个论证的前提和结论之间的关系的。在这一技术性、哲学性的意义上，当且仅当一个论证所有前提为真而结论不可能为假时，该论证才是有效的。也就是说，如果将一个论证定义为有效的，那么若该论证的结论为假，则至少有一个前提必然为假。你可以从这两种说法中选任何一种来思考有效性，这取决于哪种表述对你来说最容易理解。

无论哪种说法，关键在于定义是关于可能性（possibility）而不是现实性（actuality）的。一个论证是否有效并不取决于其前提或结论是否实际上刚好为真。重要的是，某一个真实前提和虚假结论之间的组合，究竟是不可能的（在这种情况下，该论证是有效的）还是可能的（在这种情况下，该论证是无效的）。[1]

因此，一些前提为真、结论为真的论证仍是无效的。来看这个论证："所有埃及公民的身高都不到一千米。所有埃及公民都呼吸空气。所以，所有呼吸空气的动物身高都不到一千米。"这些前提和结论都是真的。尽管如此，这个论证仍是无效的，因为在前提为真的情况下，结论有可能是假的。设想在一个可能的世界中，一些长颈鹿都能长到一千多米高。这种演化是可能的，这样就会使结论为假。但如果那个世界中的埃及公民仍然像现实世界一样，这两个前提仍然都还是真的。这种可能性就足以说明，尽管这个论证包含了三个为真的事实，但该论证在哲学家所谓的技术性意义上是无效的。

另一方面，一些有效论证的前提为假、结论也为假。例如："所有寿司师傅都是女性。所有女性都会打板球。所以，所有寿司师傅都会打板球。"这是一个非常愚蠢的论证，因为其前提和结论都是假的。尽管存在这些虚假，但在技术性意义上，该论证还是有效的。因为当该论证的结论为假时，其前提不可能为真。如果说所有寿司师傅都会打板球为假，那么一定有一些寿司师傅不会打板球。一位寿司师傅一定是女性，或者不是女性。如果该寿司师傅不是女性，那么第一个前提（"所有寿司师傅都是女性"）为假。而如果该寿司师傅是女性，那么第二个前提（"所有女性都会打板球"）为假，因为我们假设她不会打板球。不存在两个前提都为真而结论为假的组合这种可能性。这使得这个论证在技术性意义上是有效的（尽管它从其他方面来看是一个非常糟糕的论证）。

为了判断一个论证是否有效，有一种方法是，尽最大可能去想象一个情境，使论证的前提为真、结论为假。如果你能用这种真值（truth values）组合描述出一个连贯的情境，那么这个论证就是无效的。当然，你需要确定你说的这种情境真的是连贯的。你可能没有注意到描述中的一些不连贯之处，所以你需要仔细观察。不过，如果你能想象出一个具有这种真值组合的情境，而且在仔细观察后似乎是连贯的，那么这种明显的连贯性（coherence）就是相信该论证是无效的理由。另一方面，假设你找不到一个具有这种真值组合的连贯的情境。你没能想出一个情境，可能只表明你缺乏想象力，而不是论证真的有效。不过，如果你已经足够努力尝试，但仍无法想象出任何一个前提为真、结论为假的情境，那么就有一定的理由相信这个论证是有效的。因此，在没有更多技术性方法的情况下，尝试描述一个前提为真、结论为假相结合的连贯情境是一个有益的开始。掌握这种技术的最好方法是与朋友讨论各种例子，他们也许能想象出你所忽略的可能性。

什么时候有效性是形式上的？

有些论证之所以是有效的，是因为其具体的词语或句子有效。例如，"我的宠物是一只老虎，所以我的宠物是一个猫科动物"这个论证是有效的，因为一只老虎不可能不是猫科动物。但是，如果我们用某些其他词语来代替，例如，在"我的宠物是一只貘（tapir），所以我的宠物是一个犬科动物"中，这种有效性就被破坏了。因此，使原论证有效的是其中词语的（语义）含义，正如"老虎"和"猫科动物"。

与此相反，其他论证则因其形式而有效。来看这个论证："我的宠物不是老虎就是貘。我的宠物不是老虎。所以，我的宠物是貘。"如果结论为假（我的宠物不是貘），而第二个前提为真（我的宠物不是老虎），那么第一个前提就必须为假（我的宠物不是老虎也不是貘）。因此，这个论证是有效的。而且，无论把"老虎"和"貘"以及"我的宠物"换成什么词，这个论证都是有效的。以下这个论证也是有效的："你的宠物不是狗就是猪。你的宠物不是猪。所以，你的宠物是狗。"这个论证也是有效的："我的国家不是在打仗就是在负债。我的国家不是在打仗。所以，我的国家在负债。"在每一个这种形式的论证中，在前提都为真的情况下，结论不可能为假。因此，这种论证形式是有效的。这种论证形式叫作否定选言（denying a disjunct）[因为"或者"（either）、"或者"（or）命题叫作选言支（disjuncts）]或排除法（process of elimination）（因为第二个前提排除了第一个前提中的一个选项）。

记住其他几个有效的论证形式，以及一些形式上无效但经常被误认为有效的论证形式，是很有用的。变量"x"和"y"可以用任何句子替换（只要在该变量出现的地方用同一个句子替换即可）。以下这些论证形式都是有效的：

肯定前件式（*Modus Ponens*）：如果 x，那么 y；x；所以 y。

否定后件式（*Modus Tollens*）：如果 x，那么 y；非 y；所以非 x。

以下这些论证形式都是无效的：

肯定后件式（Affirming the Consequent）：如果 x，那么 y；y；所以 x。

否定前件式（Denying the Antecedent）：如果 x，那么 y；非 x；所以非 y。

[这些名称来源于"如果……那么……"命题，其中，"如果"从句被称为前件，"那么"从句被称为后件，该命题也被称为条件命题或假设（hypothetical）命题。] 下面是另外两种有效的论证形式：

假言三段论（Hypothetical Syllogism）：如果 x，那么 y；如果 y，那么 z；所以，如果 x，那么 z。

析取三段论（Disjunctive Syllogism）：或者 x 或者 y；如果 x，那么 z；如果 y，那么 z；所以 z。

如果你思考了这些论证形式，并用你自己选择的任何句子替换其中的变量，那么你应该能够明白这些形式中哪些是有效的，以及为什么有效。现在已经发展出了根据命题形式（propositional form）来表现有效性的形式方法（formal method）[包括真值表（truth tables）]。其他方法 [如文恩图（Venn diagrams）、真值树（truth trees）、矩阵（matrices）和证明] 也已经被开发出来，用于根据一些非命题形式来表现有效性。在这里，我们不会深入探讨这些细节。[2] 这里重要的只是初步了解哪些形式的论证是有效的，以及论证的形式何时能够使论证有效。

是什么使论证合理？

即使是形式上的有效性也不足以使一个论证是好的或有价值的。来看这个论证："如果亚马孙河是世界上最大的河流，那么该河中就有世界上最大的鱼。亚马孙河没有世界上最大的鱼。所以，亚马孙河不是世界上最大的河流。"这个论证具有否定后件式的形式，所以该论证在形式上一定是有效的。但是，该论证的结论为假，因为亚马孙河实际上就是世界上最大的河流。那么，当该论证是有效的时，其结论怎么会为假呢？答案很简单，就是该论证的第一个前提为假。最大的鱼并不生活在最大的河流中。

一个论证之所以是好的，不仅在于其有效性，还在于其合理性（soundness）。一个合理的论证被定义为，该论证必须有效，同时其所有前提也必须为真。这个定义保证了每个合理的论证都有为真的结论。论证的有效性保证了它不可能有为真的前提和为假的结论。因此，该论证所有前提为真就保证了其结论不可能为假。这就使合理性很有价值了。

你假设了什么？

这些有效性和合理性的概念，对于确定一个论证究竟什么时候取决于它没有明确说明的假设来说，是很有用的。这种情况经常发生。当你和我一起准备2019年的一次商务会议时，你

153

可能会说：

> 我们不应该安排在 6 月 3 日，因为那是斋月的最后一天。

如果你知道，我们都假设在会议上想见的一些人将拒绝在斋月的最后一天开会，那么为了把我们接下来的谈话转移到其他可能的日期，你只需要说这些就够了。如果我们加上这个假设，那么我们就会得到一个更长的论证：

> 我们在会议上想见的一些人将拒绝在斋月的最后一天开会。我们不应该把会议安排在一个我们在会议上想见的一些人拒绝开会的日期。所以，我们不应该把会议安排在斋月的最后一天。2019 年 6 月 3 日是当年斋月的最后一天。所以，我们不应该把会议安排在 2019 年 6 月 3 日。

一句话就此变成了五句话。我们怎么才能证明把这么多话强加给你的合理性呢？我们如何判断你是否真的假设了这么一大段论证中的额外前提？答案就取决于有效性。把这些额外假设归于你，即使你没有说，也是公平的，因为要想使你的论证有效，就需要这些假设。如果没有"我们不应该把会议安排在斋月的最后一天"这个隐含的假设，就很难看出你明确提出的前提"（6 月 3 日）是斋月的最后一天"如何为你明确提出的结论"我们不应该（把我们的会议）安排在 6 月 3 日"提供任何支持理由。增加额外前提使论证变得有效，因为在相同情况下，不可能两个前提都为真而结论为假。新的前提从而解释了，为什么原来的前提是原来结论的一个理由。

这个补充的前提接着提出了一个问题，即我们为什么要接受这个新前提。毕竟，即使这个前提的论证是有效的，但这种有效性本身并不能说明其结论为真，除非其前提也为真。我们需要的是合理性，而不仅仅是有效性。所以，我们要问：为什么不把会议安排在斋月的最后一天？

一个可能的理由是，在这一天举行会议会违反某些宗教规定。然而，一次会议是否违反宗教规定，取决于该会议的种类和时间。此外，即使我们的会议会违反宗教规定，这一事实也不能支持我们不应该在那一天开会的结论。有些人可能会接受这个假设，但无神论者和世俗人文主义者会拒绝这个假设，而他们可能是参会的人。因此，这个额外前提会使这个论证受到质疑，无法触动这部分听众。

我们在不需要认同任何宗教规定的情况下就会同意这样的主张：如果没人出席会议，这个会议就不能顺利进行。这就是为什么我们不想把会议安排在有些关键人士拒绝出席的日期。因此，如果我们知道，我们在会议上想见的一些人将拒绝在斋月的最后一天开会，这就给了我们一个不把会议安排在那一天的理由。这个理由在较长论证中被其最初的前提所表述出来，其前提比引用宗教规定的其他前提，更容易被更多人所接受。而且，这个前提足够强，能够使其论证有效，因为当其前提为真时，其结论不可能为假。

这些特点有利于该论证的世俗解释。当较弱的假设会使论证者的论证更好时，给论证者硬套上较强的假设是不公平的。在论证中补充假设的目标，并不是为了让论证者看起来很傻或很笨，而是为了理解他们的观点并从中学习。为了达到这个目标，我们需要让论证看起来尽可能好，因为只有这样，这些论证才能让我们学到更多。我们最终还是可能会有不同的意见，但我们不能就此得出结论，认为这个立场没有好的论证，除非我们已经看到了支持该立场的最佳的可能论证。

所有这一切共同解释了，为什么把额外的前提和较长的论证，归功于一个只明确说出较短原句的人是公平的。像这样的隐含前提常常被称为隐藏前提（suppressed premises），因为论证者被认为隐藏了公开申明这些前提的倾向。一般来说，只有在隐藏前提对于使原先论证有效是必要的情况下，而且只有在论证者会认为补充前提为真从而认为较长的论证是合理的情况下，我们才应该把隐藏前提归功于论证者。这样，通过补充隐藏前提，有效性和合理性才是完成论证的基本标准。

称一个前提是被隐藏的，似乎会将其贬低为偷偷摸摸的东西。但是，这里的"隐藏"一词并不是负面评价。每个人都会隐藏前提，我们很难看出我们怎么能（或为什么会）避免这样做。论证者隐藏前提往往都是合理的。事实上，不隐藏前提往往反而很不好。只要看看我们刚刚的完整论证要比原句长多少就知道了。如果我们每次给出任何论证时，都要把每一个假设都说出来，那无论我们想说点什么都会花很长的时间。隐藏前提大大提高了沟通效率。

另一些论证者则利用这一可进行辩解的工具，以达到其恶毒的目的。他们试图通过隐藏其论证中最可疑的前提，来愚弄傻瓜。想象一下，如果一个二手车商人论证道："你应该从我的车行购买五年的服务，因为这样你就不需要支付维修费了。"他实际上在隐藏一个前提，即你应该购买任何将会避免产生维修费用的东西。他从来没有出来公开申明这个额外前提，因为如果他这样做，你便可以质疑这个前提。尽管如此，他仍然确实需要这个前提，才能使他的论证有效。问题在于，这个隐藏前提引出了二手车商人试图隐藏的关键议题。服务合同的费用是多少？汽车需要维修的可能性有多大？维修费用会有多高？当然还有，他为什么要卖给你一辆很可能需要如此昂贵维修费用的车？他的伎俩是把你的注意力集中在其他前提上，而不是真正有问题的前提，从而引导你远离这些问题。为了避免被这种伎俩愚弄，在一个论证中补充出所有隐藏前提是很有用的。这种练习会使你不太容易忽视论证者所隐藏的可疑前提。

这些方法可以扩展吗？

一个较长的例子可以说明细致分析和深度分析是如何在论证重构中共同发挥作用的。以下这个例子，出自一篇题为"需要采取新方法来应对太平洋地区贫困城中村的崛起"（"New

Approaches Needed to Address Rise of Poor Urban Villages in the Pacific")的未署名文章的开头：

> 亚洲开发银行（Asian Development Bank）的一份新报告称，需要采取新方法来应对太平洋地区城市居民所面临的日益增加的挑战，他们居住在被称为"城中村"的居住区中，那里住房质量差、基本服务不足。"由于贫困状况加剧与气候变化的负面影响增加，近年来城中村迅速发展壮大，"亚洲开发银行驻斐济苏瓦（Suva，Fiji）的太平洋分区办事处负责人罗伯特·乔安西（Robert Jauncey）表示。"这些非正式或无规划的居住区往往被人们忽视，被排除在政府的规划体系之外，所以，我们需要重新思考城市管理和城市发展的方法，以便将城中村纳入主流政策、战略、项目和计划中。"
>
> 这份题为"太平洋地区城中村的出现——太平洋岛屿的城市化趋势"（*The Emergence of Pacific Urban Villages-Urbanization Trends in the Pacific Islands*）的报告，将城中村定义为城市地区的原生和传统社区，以及类似村庄的居住区，这些居住区具有以下这些共同特征：与某些族群的联系、牢固的社会文化纽带、基于惯例的土地使用权、对非正规经济的严重依赖以及持续存在的生计活动。城中村居民的生活往往艰苦且贫困，并被人们习惯性地贴上负面标签……[3]

我们需要确定的是，这两段话是否包含一个论证，这个论证在哪里、是什么、有什么目的，以及这个论证的结构是怎样的。这些任务需要仔细注意细节。我们将在下文从后往前分析。

没有论证

先来看第二段话。这一段给出什么论证了吗？没有。这段话先给出了报告的标题，这也许是为了让读者可以查到该报告的原文。然后，这段话定义了什么是城中村，这大概是为了让读者知道这篇文章的内容。接着，这段话又描述了城中村居民的生活。这段话中的评价性词语可能会让读者想到一个论证：城中村居民面临着"艰苦和贫困"，以及"负面"的刻板印象。因此，需要有人帮助他们。这个论证似乎是隐含的。但是，这段文字并没有明确给出这个论证或其他论证。我们可以运用我们对论证的定义，寻找论证标记来判断是否存在论证。只要问问前提和结论在哪里就可以了。

证明

接下来，我们来看看第一段话的最后一句。论证标记"所以"表示这句话中确实出现了一个论证。但是，这个论证是引用乔安西的话，所以文章的作者并没有宣称支持这个论证。乔安西才是论证的支持者。也许文章作者想保持作为新闻记者的中立性。也可能作者同意乔安西的观点。毕竟，文章从未对乔安西（或亚洲开发银行）的言论提出任何怀疑。无论如何，我们可以看到，至少乔安西给出了一个论证，所以让我们来试着重构这个论证。

"所以"这个词是结论标记，它告诉读者，前面的内容是支持后面结论的理由：

> 城中村往往被人们忽视，被排除在政府规划之外。
> 所以，我们需要重新思考城市管理和城市发展的方法，以便将城中村纳入主流政策、战略、项目和计划中。

最后的小词"以便"（to）一词也是论证标记，如果这个词可以被解释为"为了"，那么这就是可信的。这个理由标记表示它后面的内容是前面内容的理由，所以我们可以这样重构整个论证：

> 我们需要将城中村纳入主流政策、战略、项目和计划中。
> 城中村往往被人们忽视，被排除在政府规划之外。
> 所以，我们需要重新思考城市管理和城市发展的方法。

现在，我们有了两个前提和一个结论。

这个论证的目的是什么？人们往往很难准确判断某人的意图，论证者也不例外。不过，乔安西似乎还是想说服他的听众，让他们相信他的结论是正确的——我们需要以某种方式重新思考城市管理。他大概相信，在他说出这番话之前，很多听众并没有这种观念。他们认为城市管理进行得很好，至少在这个地区如此，或者说他们根本没有考虑过这个问题。所以，乔安西是想改变他们的观念。但是，我们可以假设，这还不是全部。他可能还想让他们基于他的理由而相信结论，而不只是武断地接受。这就是为什么他没有仅仅只给出一个结论，而是给出了一个论证，给出了支持结论的理由。因此，他不仅要说服，而且要证明他的听众相信了他的结论。

想要了解这个论证应该如何达到这个目的，我们需要把这些前提和结论放到一个结构中，以此说明它们如何共同证明了其结论。存在两个论证标记似乎表明，每个前提都为结论提供了一个单独的支持理由。根据这种解释,有如下两个不同的论证：

> 城中村往往被人们忽视，被排除在政府规划之外。
> 所以，我们需要重新思考城市管理和城市发展的方法。

> 我们需要将城中村纳入主流政策、战略、项目和计划中。
> 所以，我们需要重新思考城市管理和城市发展的方法。

上述的每一个论证都需要一个隐藏前提才能是有效的。尤其是第一个论证，需要一个隐藏前提，比如："我们需要重新思考任何忽视并排除了城中村的城市管理方法。"但这个隐藏前提与第二个论证中的明确前提很接近："我们需要将城中村纳入主流政策、战略、项目和计划中。"同样，第二个论证也需要一个类似这样的隐藏前提："目前的城市管理和城市发展方法还没有将城中村纳入其中。"而这个隐藏前提与第一个论证中的明确前提很接近。因此，这种寻找隐藏前提的方法揭示了两个前提应该共同（而不是分开）来证明结论。每个前提都依赖于另一个前提。这种结构可以被称为联合（joint）。

想要了解这些前提是如何共同发挥作用的，首先我们需要把这些概念阐述清晰。特别是，第一个前提提到了"政府规划"，第二个前提提到了"主流政策、战略、项目和计划"，最后的结论说的则是"城市管理和城市发展的方法"。作者为了避免出现重复，往往会在用词上做一些不影响本意的变化。然而，这种个重要的变化会使论证的结构变得模糊。如果以上这三句话描述的是不同事物，就会很难看出，关于一个事物的前提如何能够充分支持关于另一个事物的结论。那么这个论证就没有意义了。因此，为了说明论证是如何发挥作用的，我们需要以某种方式将这些词语联系起来。一种方式是补充一个能够表明这些概念意思的前提："主流政策、战略、项目、计划以及城市管理和城市发展都是政府规划。"这句话看上去是真的，却很啰唆。为了简洁起见，我将用一个词组来代替所有这些句子。

> 我们需要将城中村纳入城市管理。
>
> 城中村往往被人们忽视，被排除在城市管理之外。
>
> 所以，我们需要重新思考城市管理。

这个简单的改写，似乎抓住了乔安西内心的想法，同时也揭示了前提和结论之间的关系。

第一个前提中的"纳入"与第二个前提中的"忽视"和"排除"也存在类似的问题。大体上说，被忽视和被排除的东西也就是不纳入其中的东西，所以我们可以稍微改写一下这个论证：

> 我们需要将城中村纳入城市管理。
>
> 城中村往往没有被纳入城市管理。
>
> 所以，我们需要重新思考城市管理。

统一的措辞让人明白，这个论证的不同部分都是关于同一主题的。

接下来要注意"往往"这个保护用语。为什么乔安西要说"城中村往往没有被纳入城市管理"，而不只是说"城中村没有被纳入城市管理"？大概是因为后者可以被理解为"城中村从来没有被纳入城市管理"，这是错误的。因为总会存在几个例外。需要用"往往"这个保护用语，使这个前提变得可以被辩护。但这是否会使这个前提变得太弱，从而无法支持结论呢？不会。如果有一半的城市管理都忽视了城中村，那么我们就需要重新思考这一半，哪怕另一半完全没有问题。为什么呢？因为我们始终要把所有城中村都纳入城市管理。包括一半甚至百分之八十都是不够的（至少对于生活在被排除在外地区的人来说是如此）。也许我们应该在第一个前提中加上"所有"一词，来明确这一点。加了这个词之后，第二个前提中的保护用语"往往"似乎就没问题了。

一个更微妙的保护用语是"重新思考"。乔安西真的只是在论证我们需要对城市管理进行更多的思考吗？要回答这个问题，只需要问一句：如果我们重新思考了城市管理，但仍然没有对城市管理做出改变，也没有帮助到城中村，那会怎样？乔安西会满意吗？我对此表示怀疑。如果他不满意，那么他真正想要论证的不仅仅是我们要重新思考城市管理，而且是我们要改变城市管理，以便将城中村纳入其中。如果是这样，他的论证其实是如下这样的：

> 我们需要将所有城中村纳入城市管理。
>
> 城中村往往没有被纳入城市管理。
>
> 所以，我们需要改变城市管理，以便将城中村纳入其中。

与第一个保护用语相比，我们必须去掉第二个保护用语，这样才能抓住乔安西想表达的内容中的真正力量。

到目前为止，这个论证看起来已经很不错了，但除非其前提为真或至少可以被证明是合理的，否则它并不是真的很好。尤其是，有什么合理的理由能证明第一个前提？为什么我们要把城中村纳入城市管理？乔安西在这句话中并没有回答这个问题。然而，他确实在为亚洲开发银行工作，所以如果他将论证建立在亚洲开发银行的主张之上，这也不让人意外。

这段话的第一句援引了亚洲开发银行的报告："需要采取新

方法来应对太平洋地区城市居民所面临的日益增加的挑战，他们居住在被称为'城中村'的居住区中，那里住房质量差、基本服务不足。"这句话明确指出，需要采取新的办法，而且城中村的住房质量差、基本服务不足。但这句话从来没有明确地把这些主张联系起来，称其中一个主张是其他主张的理由。然而，亚洲开发银行将城中村的住房评价为"差"，将城市基本服务评价为"不足"，这一事实暗示了以下这个论证：

> 需要采取新方法来应对太平洋地区城市居民所面临的日益增加的挑战，因为他们居住在质量差的住房中，那里的基本服务不足。

唯一的差别是，修改后的句子含有"因为他们"的论证标记，而原句中没有，只有定语从句的关系代词"who"。*这个细微的差别很重要。原句并没有公开从一个主张论证到另一个主张，也没有说一个主张是另一个主张的理由。而这个新句子恰恰是这样说的。因此，新句子给出了一个论证，虽然原句并没有给出。

到底哪句话才是作者的真实意思或意图？这一点很难说。从上下文来看，作者打算把"差"和"不足"作为我们需要新方法的理由。不过，我们还是不能确定作者的意图，因为作者毕竟选择用关系代词"who"，而没有用"因为"。面对这种不

---

* 此处的"who"仅仅指代前一句中的"城市居民"。——译者注

确定性，我们能做什么呢？我们可以试着去询问作者，但文章没有署名。而且，即使我们知道作者是谁，也可能联系不上他。那么，最有建设性的做法可能是忘掉作者的真实意思，只需要问作者所给出的论证有没有道理。毕竟，我们并不真正关心是否能抓住作者的错误，就像我们在辩论中得分一样。真正重要的是，我们是否需要采用新的方法来规划城中村。如果论证能够起作用，那么我们确实需要采取新的方法管理城中村，而且论证会告诉我们为什么这样做——不管这个作者或任何人是否真的有意给出这个论证。

因此，让我们假设亚洲开发银行（或许还有作者）打算这样论证。

城中村居民的住房质量差、基本服务不足。

所以，我们需要采取新方法来应对太平洋地区城市居民所面临的日益增加的挑战。

遗憾的是，这一论证几乎是无效的。其中一个理由是，该论证的前提没有提到当前的方法。如果目前的城市管理方法运作良好，我们是不是只需要给它们一点时间就能取得成效呢？在这种情况下，前提会为真，但结论会为假，因为我们不需要新的方法。

为了避免这个问题，我们需要补充一些关于现行方法的错误之处。回想一下，第三句援引乔安西的话确实指出了当前方法的一些问题，即它们往往没有把城中村纳入其中。因此，把这些论证结合起来可能会有帮助，但如何结合呢？一种可能是，第一句话的前提为第三句话的前提提供了一个支持理由。这种关系并不明显，因为这些主张从来没有并列陈述，也没有任何论证标记表明它们之间的关系。尽管如此，这种想法确实使这个论证说得通了并支持了以下解释：

> 城中村居民居住在质量差的住房中，那里所提供的基本服务不足。
>
> 所以，我们需要将所有城中村纳入城市管理。
>
> 城中村往往没有被纳入城市管理。
>
> 所以，我们需要改变城市管理，以便将城中村纳入其中。

这种双重论证——有两个论证标记"所以"的实例——使用第一个论证的结论作为第二个论证的前提。两部分形成一条线共同得出了最后的结论。这种结构通常被描绘为"线性的"（linear）结构。

我们还没有完成论证，因为第一个论证是无效的。城中村居民有可能居住在质量差、基本服务不足的住房中，但我们仍然不需要将所有的城中村都纳入城市管理。如果在不将他们纳入城市管理的情况下，能够改善他们的住房和基本服务，那么这种组合的情况就会出现。如果把他们纳入城市管理，却对改善他们的住房和基本服务没有好处，这种情况仍有可能出现。

因此，除非我们补充一些隐藏前提，即城市管理与住房和基本服务质量之间的关系，否则这个论证将是无效的。这里有一种可能性：

1．城中村居民居住在质量差的住房中，那里所提供的基本服务不足。

2．有居民居住在质量差的住房和所提供基本服务不足的所有地区都需要被纳入城市管理。

3．所以，我们需要将所有城中村纳入城市管理。

4．城中村往往没有被纳入城市管理。

5．所以，我们需要改变城市管理，以便将城中村纳入其中。

这个论证是（足够接近于）有效的，并且提出了一个似乎合理的推理思路。

现在，我们终于对乔安西的论证进行了公正的重构。当然，说这是他的论证并不是认可该论证，更不是说其结论为真。重构的论证揭示了几个可能会受到质疑的前提。批评者可能会否认前提1，并称城中村的住房和基本服务确实已经足够。也许这些城中村并不像乔安西所说的那样糟糕。批评者也可能否认前提4，并声称城市管理规划几乎都已经将城中村纳入其中了。也许这些规划并没有乔安西所称的那样糟糕。最后，批评者还可能会否认前提2，并声称我们应该将一些贫困地区排除在城市管理之外，要么是因为将这些地区纳入管理的成本太高，要么是因为如果他们学会自己想办法会更好。为了回应这样的批评，乔安西需要补充更多的论证。因此，重构的论证也很难以现在的形式彻底解决这个议题。相反，论证重构所做的只是阐明了批评者的反对意见可以针对的地方，以及乔安西需要论证来支持他的前提的地方。在这些方面，论证重构有助于我们理解乔安西和他提出的议题。这就是论证重构所能被期望做到的全部，但这比我们不重构他的论证所能实现的目标要多得多了。

解释

刚刚我们从第三句转到了第一句，我们跳过了第二句。我们错过部分论证了吗？还是第二句给出了一个不同的论证？或者不止一个论证？下面我将指出，短短的第二句实际上给出了两个新的论证，还有一个新的结论。想要知道为什么是这样，我们需要重构第二句中的论证。

第二句话说道："由于贫困状况加剧与气候变化的负面影响增加，近年来城中村迅速发展壮大。"这句话中的理由标记"由于"表明，该词后面的内容是支持该论证的前提：

> 贫困状况加剧……
>
> 气候变化的负面影响增加……
>
> 所以，近年来城中村迅速发展壮大。

这个论证需要阐述清楚更多细节，但我们先问一下这个论证的目的是什么。

乔安西可能又想说服读者相信他的结论。但是，我们很难看出这个论证如何实现他的目标，也很难看出乔安西为什么需要说服他的读者相信这个结论，因为读者中的大多数人可能已经知道了城中村在近年来迅速发展壮大。种种观察已经足够表明这一点。所以，假设乔安西知道自己在做什么（否则，他为什么要关注这个问题？），他一定是在寻求其他目的。

那他的目的会是什么呢？好吧，即使你已经知道城中村迅速发展壮大了，但你还是会想，为什么会出现城中村？为什么这么多人这么快就都搬进了质量差、基本服务不足的住房？这个问题正是这个论证所要回答的。答案就是贫困加剧和气候变化。因为有更多的人变得贫困，并因气候变化而流离失所，所以他们愿意搬进质量差、基本服务不足的住房。他们对此别无选择。这种解释通过指出原因，帮助我们理解了为什么会出现这种趋势。因此，这一论证的目的似乎在于解释，而不是说服或证明。

如果这就是该论证的目的，那么这个论证是什么呢？如前文所述，这个论证有两个前提，所以我们要问，它们究竟是在一个联合结构（joint structure）中共同发挥作用，还是应该分别被看作支持结论的独立解释。如果它们是独立的，那么我们就真的有两个论证：

贫困状况加剧……

所以，近年来城中村迅速发展壮大。

气候变化的负面影响增加……

所以，近年来城中村迅速发展壮大。

　　当我们在前文把第三句话的论证拆分开来时，我们看到那两个前提是联合起来共同作用的，因为每个单独的论证都假设了一个隐藏前提，这个隐藏前提接近于另一个论证中的明确前提。这里的情况并非如此。这两个论证中的每一个都是无效的，所以它们确实分别假设了一个隐藏前提。但是，这两个论证都没有假设另一个论证里的前提。在这个程度上，这些论证是独立发挥作用的——一个是在解释贫困，另一个是在解释气候。这种结构有时被描述为分枝（branching）。

　　从关于贫困的论证说起，需要什么样的隐藏前提才能使其有效？前文已经提到了这种情况：当人们变得贫困的时候，他们没有更好的选择，只有搬进质量差、基本服务不足的住房，所以他们愿意忍受城中村的生活。只要稍加补充，我们就可以把这个解释构建成以下的论证：

近年来，贫困状况迅速加剧。

随着贫困状况的加剧，有更多的贫困人口愿意住在质量差、基本服务不足的住房。（隐藏前提）

　　所以，近年来，愿意住在质量差、基本服务不足的住房的贫困人口迅速增加。

　　当越来越多的人愿意住在质量差、基本服务不足的住房时，城中村的数量越来越多、规模越来越大。（隐藏前提）

　　所以，近年来城中村迅速发展壮大。

这个重构的论证把不少话都强加到了乔安西的口中，但为了使这个论证的每个部分都有效，需要一些类似这样的补充。这些补充也应该抓住了乔安西话中的真实意思，即从贫困出发来解释城中村是如何发展壮大的。

关于气候的论证所发挥的作用也与此类似，但需要用某种方式来阐明。前提中提到了气候变化的"负面影响"，但没有具体说明哪些负面影响是真正重要的。特别是，气候变化可能会导致许多人死亡。但是，死亡本身并不会导致城中村的出现，因为生活在城中村的人当然还都活着。导致城中村出现的是流离失所。当一些人因气候变化而死于暴风雨时，其他人就会离开被暴风雨毁坏的地区，也许是为了避免自己也死于暴风雨，也许是因为他们的旧住房被造成其他人死亡的暴风雨毁坏。这些人为躲避气候变化带来的影响而迁移，这可能就是乔安西想要援引的对城中村发展壮大的解释。如果是这样，这个论证的分枝可以这样重构如下：

　　近年来，气候变化迅速加剧。

随着气候变化的加剧，很多人流离失所。(隐藏前提)

所以，近年来，很多人在短时间内流离失所。

随着流离失所的人越来越多，城中村的数量越来越多、规模越来越大。(隐藏前提)

所以，近年来城中村迅速发展壮大。

这个论证是有效的，但如果没有隐藏前提，这个论证就是无效的。乔安西大概会接受这些隐藏前提。因此，这个论证的重构可能是他心中想法的公正再现。

关于气候论证的结论与关于贫困论证的结论相同，因此可以说，这两个论证共同发挥作用，对城中村发展壮大的速度做出了较为完整的解释。当贫困和气候变化都导致更多的人搬进城中村时，城中村发展壮大的速度会更快。尽管如此，即使这两个论证能够共同解释为什么城中村会发展得如此迅速，但其中的每一个理由本身都可以被认为非常充分，足以解释为什么城中村会迅速发展壮大。

和前文一样，重构乔安西的论证并不是认可该论证。尽管我们试图让这个论证看起来尽可能地好，但我们的重构实际上阐明了批评者可以攻击或质疑哪些前提。贫困和气候变化真的加剧得这么快吗？贫困和气候变化真的会使人们流离失所，降低他们对未来的期望吗？这些影响真的会导致贫困者搬进城中村吗？乔安西也许能也许不能回答这些问题。如果不能回答，批评者可能会拒绝接受他的论证和结论。

　　论证重构并不总会导向一个好的论证。事实上，有时没有任何方法能够重构一个论证，使其看起来有任何可取之处。尽管如此，即使在这种情况下，重构一个论证仍然可以帮助我们理解它。这种方法还可以告诉我们如何确定这个论证好不好，以及它究竟有多好。这样，论证重构就为评价论证奠定了基础，而评价论证则是下一章的主题。

1．究竟是哪种可能？来看看这句话："这栋楼有 100 米高，所以我不能跃过去。"如果跃过 100 米的高度在概念上是可能的，但在物理上是不可能的，这个论证是否有效？幸运的是，这种棘手的情况不会影响我在这里的主要观点，所以我不会停下来担心这些复杂问题。

2．见 Sinnott-Armstrong and Robert Fogelin, *Understanding Arguments: An Introduction to Informal Logic*, 9th edn(Stamford, CT: Cengage Advantage Books, 2014)，第六和第七章。

3．"New Approaches Needed to Address Rise of Poor Urban Villages in the Pacific", *Asia Today*, 19 October 2016, http://www.asiatoday.com/pressrelease/new-approaches-needed-address-rise-poor-urban-villages-pacific

第九章
如何评价论证

　　当我们识别出一个论证，确定了其目的和结构，并补充出该论证的隐藏前提之后，终于到了评价该论证的时候——也就是来问这个论证到底有什么好处。正如我们在前文所见的那样，称某个东西好，就是说它符合相关的标准。那么，论证的相关标准是什么呢？

　　一个标准是实用。正如当广告能增加商品销售量的时候，我们称该广告很好，因为这正是广告的目的。同样，我们称一个论证好，因为该论证能达到预期目的。如果一个论证的提出是为了说服某些听众，那么从实用的角度来看，只要该论证成功说服了这些听众，这就是好的论证。然而，这个论证可能只是通过欺骗听众相信一些他们没有真正理由相信的东西，从而来说服他们。该论证可能根本没有给出任何理由，或者只给出了一个非常糟糕的理由。那么，这个论证就不是通过给出证明来说服他人。

如果我们寻求证明、理解和真理，而不仅仅只是说服他人，那么我们就会要求论证拥有更高的标准。我们希望论证能够提供良好和充分的理由，或者至少是一些真正的理由，而不是伎俩或误导。但是，我们接下来就需要标准来确定什么时候给出的理由是好的，在某种认识论意义上，论证的标准与真理和证明有关，而不仅仅是信念或说服他人。这就是我们将在本章讨论的标准与价值。

一个论证所追求的与真理和证明之间的特殊关系，部分取决于论证的形式。有些论证者希望有前提来保证其结论，而另一些论证者则对缺乏任何保证的证据感到满意。在此基础上，人们通常把论证的演绎形式（deductive form）和归纳形式（inductive form）区分开来，所以我们将遵循这一传统，尽管我们将看到这种区分在某些方面存在问题。

夏洛克·福尔摩斯是演绎大师吗？

我们先举几个简单的例子。想象一下，有人这样论证：

（1）诺埃尔是巴西人。

　　所以，诺埃尔会说葡萄牙语。

这个论证显然是无效的，因为诺埃尔很可能是一个不会说葡萄牙语的巴西人。也许诺埃尔是一个年纪过小的婴儿，还不会说任何语言，或者是一个新移民，还没有学会葡萄牙语。

尽管存在这些弱点，但很容易补充一个隐藏前提，使这个论证有效：

> （2）所有巴西人都会说葡萄牙语。
>
> 诺埃尔是巴西人。
>
> 所以，诺埃尔会说葡萄牙语。

现在，当结论为假时，两个前提不可能都为真。如果结论为假，因为诺埃尔不会说葡萄牙语，那么要么诺埃尔不是巴西人（在这种情况下，第二个前提为假），要么诺埃尔是不会说葡萄牙语的巴西人（在这种情况下，第一个前提为假）。前提和结论之间的这种关系使论证（2）有效。

很好，所以这个论证是有效的！这是否使论证（2）比论证（1）更好呢？不，补充了隐藏前提，使无效的论证（1）变成了有效的论证（2），只是把对论证（1）中前提和结论关系的质疑，都转移到了论证（2）的第一个前提中。这种转移只是引出了一个问题，即我们是否应该接受这个补充的前提。

什么样的证据可以支持所有巴西人都会说葡萄牙语的前提？也许说话者是从他所认识的巴西人中概括出来的。那么他的论证可能是这样的：

> （3）我认识的所有巴西人都会说葡萄牙语。

诺埃尔是巴西人。

所以，诺埃尔会说葡萄牙语。

遗憾的是，现在这个论证又变得无效了，因为我有可能不认识诺埃尔，他虽然是巴西人，但他就是不会说葡萄牙语。

另一种可能是，论证者在维基百科上读到了巴西人会说葡萄牙语，他假设这里指所有巴西人。

（4）维基百科说，巴西人会说葡萄牙语。

所以，所有巴西人都会说葡萄牙语。

诺埃尔是巴西人。

所以，诺埃尔会说葡萄牙语。

最后三行与论证（2）一样，所以该论证的第二部分仍然有效。但是，从第一行到第二行的推理（inference）显然是无效的，因为维基百科可能是错的，或者可能只是指一般而言的巴西人，而不是指包括婴儿和新移民在内的每一个巴西人。

这一连串的论证给我们一个重要的教训。论证（2）及其在论证（4）中第二行到第四行的重复，是唯一有效的论证。通过把论证强行塞入这种僵硬的形式中，说话者表明他试图让论证（2）有效。毕竟，该论证很明显是有效的，而且说话者费了很大力气才使这个论证变成有效的形式，所以说话者一定希望它是有效的，并且在形式上看起来也是有效的。相反，论证（1）、

（3）和（4）的前两行都明显是无效的，所以说话者如果想让这些论证有效，就不会以这样的形式表述这些论证。这种对比表明，有些说话者试图让自己的论证有效，而有些人则不然。

论证者的这种意图正是演绎论证和归纳论证的区别。演绎论证是指，论证者试图让该论证有效的任何论证。归纳论证则是指，论证者没有试图让该论证有效的任何论证。因此，论证（2）是演绎论证，而论证（1）和（3）是归纳论证。论证（4）则将其前两行的归纳论证与第二行到第四行的演绎论证结合了起来。

以论证者的意图来区分论证的形式似乎很奇怪。然而，对于糟糕的演绎论证，比如下面这个论证，就很有必要用到意图：

（5）所有巴西人都会说葡萄牙语。

　　所有葡萄牙公民都会说葡萄牙语。

　　所以，所有巴西人都是葡萄牙公民。

如果真有说话者脑子混乱到如此地步，给出这个无效的论证，那么他们以这种形式给出论证的事实就表明，他们试图让这个论证有效。这种意图解释了为什么我们会把这个论证归类为演绎论证，尽管它既无效又充满谬误。

这种区分演绎论证和归纳论证的方式，表明为什么这种区别是重要的。由于演绎论证的意图就是使自己有效，所以批评它们无效是公平的。相反，指出一个归纳论证无效的事实，根本不算批评，因为其意图就不在于使自己有效。批评一个归纳论证无效，就像批评一个橄榄球不能当作足球（即美式足球）使用一样不恰当——橄榄球从来就没有试图用于其他运动中。

虽然这种归纳的概念在哲学家和逻辑学家中很常见，但其他人对归纳的认识却很不一样。有些人说，归纳是从特殊上升到一般的过程。这种特征描述是不准确的，因为有些归纳论证是反其道而行的，我们将在下文中看到这种情况。

另一个潜在混淆演绎和归纳的来源是阿瑟·柯南·道尔爵士（Sir Arthur Conan Doyle），他将其笔下虚构的侦探夏洛克·福尔摩斯（Sherlock Holmes）描述为演绎大师，因为福尔摩斯可以从别人忽略的细微观察中得出结论。在一个故事中，福尔摩斯在街上瞥见一个人，马上就把他框定为"一个老兵……曾在印度服役……是皇家炮兵"。他怎么能这么快就看出这么多？"当然，"福尔摩斯回答道，"不难看出，一个人的那种气质、表情的威严感以及被太阳晒过的皮肤，都表明他是个军人，军衔比列兵要高，而且从印度回来的时间不长……他没有骑兵的步伐，却把帽子戴在一边，这从他眉毛一边较浅的肤色就可以看出。他的体重表明他不是一个工兵（在防御工事中工作的士兵）。他是个炮兵。"[1] 这些推理很惊人，但它们是演绎推理吗？好吧，这些论证显然是无效的，因为这个人有可能是个演员，扮演一个在印度服役的老炮兵的角色。既然这些论证是如此明显地无效，那么像福尔摩斯这样聪明的人也不可能打算让它们有效。所以，按照我们的定义，这些论证并不是演绎论证。这并不意味着这些论证不好。它们的高明之处在于，这正是小说中事件的重点所在。不过，从哲学意义上看，与其说福尔摩斯是一个演绎大师，不如说他是一个归纳大师。

演绎到底有什么好的？

柯南·道尔为什么要误导性地把福尔摩斯说成是演绎大师而不是归纳大师呢？也许是想给福尔摩斯推理能力最高的评价。很多人以为演绎在某种程度上比归纳好。对论证（1）至（5）的比较应该已经使我们对人们的这种假设产生怀疑，但值得一问的是，为什么这么多人会相信这种假设。

人们倾向于采用演绎的一个原因可能是，这似乎是一种通过排除一切可能性来得到确定性（certainty）的方法。一个有效的论证，在其前提为真的情况下，排除了任何结论为假的可能性。演绎的另一个显著优点是，有效性是不可废止的（indefeasible）。在这个意义上，如果一个论证是有效的，那么补充一个额外前提，也不可能使该论证无效。[用论证（2）试试就知道了。] 补充前提不可能改变论证的有效性。

如果你想要确定性，演绎的这些特点似乎是可取的。遗憾的是，根据"哲学家"米克·贾格尔（Mick Jagger）和基思·理查兹（Keith Richards）的说法："你不可能总是得到你想要的东西。"*演绎论证中确定性的表象只是一种错觉。一个有效论证

---

* 此为滚石乐队（The Rolling Stones）著名歌曲 "You Can't Always Get What You Want"，米克·贾格尔和基思·理查兹都是滚石乐队成员。——译者注

的结论,只有在其前提为真时才能得到保证。如果其前提不为真,那么一个有效的论证就什么都说明不了。因此,当我们不能确定前提时,一个使用了演绎方法的有效论证就不能为其结论带来确定性。

一个论证的有效性确实排除了一种选择,即相信前提又否定结论,但你仍然有好几种选择。你可以接受结论,也可以否定前提。在前文的论证(2)中,只要你否定诺埃尔是巴西人这个前提,或者否定所有巴西人都会说葡萄牙语这另一个前提,你就可以否定诺埃尔会说葡萄牙语这个结论。这个论证不能告诉你该论证本身的前提是否为真,所以只要你愿意否定其中一个前提,该论证就不能强迫你接受其结论。

这一点已经固化在一句格言中:"一个人的肯定前件式是另一个人的否定后件式。"回想一下,肯定前件式是指这种论证形式:"如果 x,那么 y;x;所以 y。"而否定后件式是指这种论证形式:"如果 x,那么 y;非 y;所以非 x。"在肯定前件式中,前件 x 被接受,所以后件 y 也被接受。但在否定后件式中,后件 y 被否定,所以前件 x 也被否定。条件式"如果 x,那么 y"不能告诉我们是应该接受其前件 x,然后应用肯定前件式,还是否定其后件 y,然后应用否定后件式。同样,一个有效的论证不能告诉我们是应该接受其前提然后接受其结论,还是否定其结论然后也否定其中一个前提。因此,有效的论证本身不能告诉我们是否应该相信其结论。

如果两个前提都是可证明的,我们就不能轻易放弃任何一个。然而，这一切都表明，一个有效论证的真正力量不是来自其有效性，而是来自对其前提的证明。如果我相信所有巴西人都会说葡萄牙语的唯一理由是，我所认识的所有巴西人都会说葡萄牙语，那么很难理解为什么有效论证（2）比无效论证（3）更好。二者唯一真正的区别是，论证（2）中的不确定性与其第一个前提有关，而论证（3）中的不确定性则是关于其前提和结论间的关系的。两种形式的论证都没有回避不确定性。它们只是将这种不确定性放在了不同的位置。

　　由于这些理由，我们需要放弃对确定性的追求。[2] 减少这种不可及梦想的一个方法，就是从演绎论证转向归纳论证。归纳论证的意图不在于有效性或确定性。这种论证并不打算或假装排除每一种相反的可能性。它们承认自己是可废止的（defeasible），因为更多的信息或前提可以把一个强大的归纳论证变成一个薄弱的论证。所有这些可能看起来都令人失望，但实际上却很令人振奋。意识到更多的信息可能会带来不同的结果，这会促使人们进一步去探究。对不确定性的认识，也让我们对相反证据和相互竞争的立场保持谦逊与开放的态度。这些都是归纳论证的优势。

你到底有多强？

　　既然归纳论证的定义说其不以有效性为目的，那么这种论证的目的是什么呢？答案是强度（strength）。如果一个归纳论证的前提为其结论提供了更有力的支持理由，那么这个归纳论证就会更好。满意了吗？我希望你对此不满意。你应该问："但是，什么是强度呢？这是前提和结论之间的关系，但我们如何判断一个理由或论证什么时候比另一个理由或论证更强呢？又是什么让它更强呢？"

对此没有一个答案能够取得共识。归纳强度的概念仍存在很大争议，但关于强度的一种更自然的认识方式是用概率来考虑。根据这种观点，一个归纳论证的强度是（或取决于），在既定前提下，其结论成立的条件概率（conditional probability）。当一个归纳论证在既定前提下，其结论成立的概率较高时，该论证就比较强。

为了理解这种强度标准，我们需要学习一下条件概率的相关知识。想象一下，在印度的某地，一般情况下每5天中有1天会下雨，但在雨季，每5天中有4天会下雨。在甘地（Gandhi）诞辰日那天，该地区下雨的概率是多少呢？那要看甘地诞辰日在什么时候。如果你不知道甘地诞辰日在哪一天，那么将这个概率估计为五分之一或0.20是合理的。但是，假设你发现甘地诞辰日是在该地区的雨季。有了这个额外的信息，现在就可以合理地估计甘地诞辰日那天下雨的概率为五分之四或0.80。这个新的数字就是甘地诞辰日那天印度某地下雨的条件概率，因为他的诞辰日处于该地区的雨季。

归纳论证的应用非常直接，来看这个论证：

我们的游行将在甘地诞辰日那天在印度某地举行。

所以，我们游行的时候将会下雨。

这个论证既不是有效的，也不是演绎的，所以用归纳论证
的强度标准来评价才是有道理的。前提本身并没有给出甘地诞
辰日是在什么时候的信息，所以在既定前提下，结论的条件概
率是 0.20。这个论证不是很强，因为只根据前提中的信息，甘
地诞辰日那天该地区不会下雨的可能性更大。但现在我们增加
一个新的前提：

我们的游行将在甘地诞辰日那天在印度某地举行。

甘地诞辰日是该地区的雨季。

所以，我们游行的时候将会下雨。

这个论证仍不是有效的，但它更强了。因为在既定前提下，
结论的条件概率已经上升到 0.80。新前提中的额外信息提高了
概率。这些都是常识。如果你不知甘地诞辰日是在什么时候，
那么第一个论证就不是重新安排游行时间的有力理由。但当有
人补充道"那时候是雨季！"，那么重新安排游行时间就有道理
了，除非你喜欢走在雨中。[3]

我是怎么劝导你的？让我来归纳一下

归纳论证这个"摸奖袋"里都有什么东西？让我们把手伸进袋子深处，看看有什么发现。

想象一下，你打算开一家餐厅，并已经在爱丁堡选好了位置，但你还没有决定究竟是主打埃塞俄比亚菜还是土耳其菜，这两种菜品都是你的厨师的专长。餐厅的成功将取决于每种风格在附近社区中分别有多少人喜欢。为了回答这个关键问题，你随机询问了附近社区的人，发现 60% 的人喜欢土耳其菜，但只有 30% 的人喜欢埃塞俄比亚菜。你的结论是，整个社区中这两种风格的喜好人数的百分比也是如此。这种推理是一种统计概括（statistical generalization），它从你测试的小样本中所得的前提，论证了关于更大群体的结论。这种概括是归纳性的，因为这些论证并不试图有效。测试的样本显然可能不符合整个社区的情况。

接下来你需要为你的菜单测试一些菜品。你决定让朋友和邻居们来试吃，但你不想让不喜欢土耳其菜的人来试吃，因为无论如何他们都不会来你的餐厅。你想知道你餐厅南边的那位邻居是否喜欢土耳其菜。但你对他没有什么特别的了解，所以你得出结论，他有 60% 的可能喜欢土耳其菜。这个论证可以被称为统计应用（statistical application），因为该论证把对全体的概括应用于个体。这种论证是归纳性的，因为该论证显然是无效的。例如，如果你的邻居恰好是土耳其人，那么该论证可能会低估了他喜欢土耳其菜的概率。

终于,你的餐厅开业了,但没有人来吃饭。为什么没有人呢?解释不可能是附近社区的人不喜欢吃土耳其菜,因为60%的人都喜欢。解释不可能是你的价格太高,或者你的菜品味道不好,因为潜在的顾客还不知道你的价格和菜品质量。解释不可能是缺乏广告,因为你做了大横幅、漂亮的网站,还在当地报纸刊登了广告。然后,你听说有人一直在散布谣言,说你的餐厅里有很多蟑螂。究竟是谁呢?别人都不会有这种动机,所以你怀疑是街对面那家开得更久的餐厅的老板。这个结论是由最佳解释推理(inference to the best explanation)来支持的。这种推理是归纳性的,因为其前提给出一些理由来相信你的结论,但你的怀疑仍然可能是错误的。

这虽然让你感到很挫败,但当你想起另一家土耳其餐厅的故事时,你又重新燃起了希望。那家餐厅开业后的第一个月很不顺利,但后来人们一来尝鲜,生意就变得很好了。那家餐厅的风格很像你的餐厅,所以你得出结论,你的餐厅也可能很快就会生意兴隆。这种类比论证(argument from analogy)是归纳性的,因为它很明显是无效的,但确实能给人们一些抱有希望的理由。

幸运的是,你的餐厅后来变得非常成功。顾客络绎不绝。是什么吸引他们来你的餐厅呢?为了找出答案,你降低了一点价格,但这对顾客人数没有影响。然后,你查看记录,想看看顾客更常点的是哪些菜,但没有发现什么特别之处。你的好奇心被勾起，于是你把菜单上的菜品逐一撤下，以此来观察客源的变化。当你把烤羊肠从菜单上撤下时，顾客数量大减。烤羊肠是由羔羊肠或山羊肠包裹着调味后的羊心、羊肺和羊肾做成。你不知道当地人这么喜欢吃内脏，但你的实验支持了这样的结论——这道菜是吸引人们来到你餐厅的原因。这种因果推理（causal reasoning）是归纳性的，因为有可能有其他的事情才是真正的原因，所以这个论证是无效的，但它仍然给了你一些理由去相信其结论。据此，你把烤羊肠又重新放回了菜单中。

一切都很顺利，直到一天你的餐馆遭到洗劫。唯一的目击者称，劫匪是开着一辆菲业特牌的车离开的。在爱丁堡，只有很小比例（2%）的汽车是菲亚特牌的，所以目击者的报告令人惊讶，你不知道是否应该相信目击者的说法。你和警方估计，这位目击者在这种光线条件下，90% 左右的时间会正确认出菲亚特牌的车，10% 左右的时间会把另一种车误认成菲亚特牌。这听起来相当不错，但随后 [利用贝叶斯定理（Bayes' theorem）] 你计算出这个目击者报告的准确概率不到六分之一。[4] 而目击者将另一种车误认成菲亚特牌的可能性要高出五倍。这个论证用例子说明了什么是概率推理（reasoning about probability）。

这个故事还可以继续下去，但它已经包括了六种归纳论证：统计概括、统计应用、最佳解释推理、类比论证、因果推理和概率推理。这些论证形式在日常生活的许多领域都很常见。每种论证形式都有自己的标准，可以使用得很好，也可以使用得很糟糕。每种论证形式都有自己独有的特殊谬误。我不会对这些论证形式逐一探究，而是集中讨论几种最重要的归纳论证。[5]

约会和民调怎么会有问题？

以貌取人和刻板印象是许多人都很厌恶的东西。警察应该通过观察人们的行为，而不是他们的长相或身处何处来选择拦下谁或逮捕谁。在日常生活中，很多人都向往马丁·路德·金（Martin Luther King）曾提出的愿景："我有一个梦想，我的四个孩子有一天将生活在一个不以肤色，而以品格优劣来评判他们的国度。"[6]我们都希望被当作独立的个体，而不是某个群体的成员来对待。

尽管存在这些希望和梦想，但我们所有人都经常根据对某个群体的刻板印象来预测其他个体将如何行动。营销专家运用对受众群体的概括，来预测哪些顾客会购买他们的产品，就像我们的土耳其餐厅一样。医生运用风险因素——包括群体成员的身份地位，来推荐不同的药物和手术。保险代理人根据个人客户是否属于保险公司需要支付高额赔付的群体，来收取保费。大学根据申请人的成绩等级来决定录取哪些申请人。我们希望这些专业人士都不要以肤色来评判顾客、病人、客户或申请人，但他们也不会以品格优劣作为决定的依据。他们之所以不能，是因为他们不知道这些人品格的优劣。

在很多情况下，我们很难看出要是没有了刻板印象，我们会怎么办。如果我根本不认识某个人，但我需要快速做出决定，那么我唯一能运用的信息就是我能够快速观察到的东西。例如，如果一个陌生人在大众酒吧和我随便聊了几分钟，然后提出要请我喝酒或吃饭，那么我需要决定是否要相信这个陌生人。他到底想干什么？正如我们所看到的，福尔摩斯也许能归纳出这个陌生人身上的很多信息，但我们大多数人却别无选择，只能依靠一些不准确的概括，这些概括是根据我们有限的经验得出的。无论是否接受陌生人的邀请，我们都会这样做。

这些情况取决于向上概括和向下应用的论证。首先，这些论证从关于某个群体的样本中得到的前提，向上概括出关于该群体的整体结论。然后，这些论证又将由此产生的概括，向下应用到关于个体的结论上。我们可以把这两个阶段称为概括和应用。

概括

每种论证形式都会带来许多复杂的问题和麻烦。即使其中最深思熟虑的推理也有可能出大错。只需回想一下英国脱欧公投以及美国2016年总统选举中政治民调所出现的惊人错误就可以了。在这些案例中，即使掌握了大量数据的专业统计学家也都错得离谱。为了避免这样的错误，同时为了充分理解统计概括和统计应用，我们都需要学习几门统计学和概率的课程，然后需要收集高质量的大数据。谁会有这些时间呢？幸运的是，一个简单的例子就可以说明一些常见的方法和错误，而不需要掌握技术细节。

　　想象一下，你正在寻找一位会和你一起打高尔夫球的男性人生伴侣，而且你对在线交友网站也很好奇。你进入一个交友网站，随机挑选了 10 个潜在的约会对象，并问他们每个人在过去 6 个月里，多久打一次高尔夫球。他们中只有一个人表示在过去 6 个月里打过高尔夫球。你由此推理，你的样本中只有 10% 的人在过去 6 个月里打过高尔夫球，所以在线交友网站用户中大约有 10% 的人打高尔夫球。这个论证是一种统计概括，因为它从关于一个样本（你询问的 10 个人）的前提，概括出了整个群体（在线交友网站用户）的结论。

　　第二天，又有该网站的用户联系你。你决定不回复他，因为你做出了如下推理："这个人使用的是一个在线交友网站，而只有 10% 的在线交友网站用户打高尔夫球，所以这个人很可能不打高尔夫球，或者更准确地说，这个人在过去 6 个月里打过高尔夫球的可能性只有 10%。"这个论证是一种统计应用，因为它将概括了整个群体的前提，应用于对这个特定用户的结论中。

　　这两个论证都是归纳性的，因为它们显然是无效的。有可能你的样本中只有 10% 的人打高尔夫球，但有更多在线交友网站用户也都打高尔夫球。还有可能 10% 的在线交友网站用户打高尔夫球，但这个联系你的人打高尔夫球的可能性更大。因为这些可能性非常明显，所以这个论证可能并没有试图是有效的。

　　这些归纳论证的强度有多大？这取决于既定前提下，结论成立的概率有多高。为了评估这一点，我们需要提出一系列问题，以确定每个论证可能会如何误入歧途。

关于概括，第一个要问的问题是其前提是否为真。在你的10个样本中，是否真的只有一个人在过去 6 个月里打过高尔夫球？即使只有一个表示他打过高尔夫球，那么，也许更多的人也打过高尔夫球，但他们选择忽略回答这个问题；或者他们可能打过高尔夫球，但忘记了这件事；或者他们否认打过高尔夫球，是因为他们认为你所问的问题，目的在于淘汰打高尔夫球太过频繁的约会对象。在线交友网站上的人并不总是值得信赖的。这多么令人惊讶！

第二个问题是你的样本量是否足够大。问 10 个人比只问3 个人好，但问 100 个人更好，尽管收集这么大的样本需要很长时间。因此，10 个样本使你的论证有一定的强度，但不是很强。该论证是否足够强，取决于需要考虑的东西有多少。如果样本太小，那么这个论证就犯了一种叫作轻率概括（hasty generalization）的谬误。

第三个问题是你的样本是否存在偏差。当你所寻求的特征在样本中的百分比，明显高于或低于该特征在整个群体中的百分比时，就存在样本偏差。需要注意的是，即使是一个大样本（如100 个或 1000 个在线交友者）也会存在偏差。如果大多数高尔夫球爱好者都使用另外一个在线交友网站，从而减少了你所取样网站中的高尔夫球爱好者的数量，那么就可能出现这种偏差。于是，关于一般在线交友网站用户中有多少人打高尔夫球这个问题，你就不应该用你的样本来得出任何结论。即使你只对这个特定的网站感兴趣，如果你在该网站注册账户时提到你打高尔夫球，而网站利用这个信息向你推荐可能的联系对象，那么你的样本也可能会存在偏差。于是，你收到的好友申请可能包含更多高尔夫球爱好者，但这不能代表整个网站的用户。或者网站可能只向你推荐本地的用户，而你所居住地区的高尔夫球爱好者可能比其他地区的高尔夫球爱好者更少（或更多）。

　　另一种使样本产生偏差的方式，是问一些引导性或误导性的问题。如果你问"你愿意打高尔夫球吗"，得到肯定回答的百分比可能会高很多；而如果你问"你对高尔夫球狂热吗"，得到肯定回答的百分比则会低很多。为了避免这种将结果推向一个方向或另一个方向的方式，你问道："在过去6个月里，你多久打一次高尔夫球？"这个看似中立的问题仍然可能有隐藏的偏差。如果你在4月问这个问题，许多受到冰雪影响的高尔夫球爱好者确实在6个月里没有打过高尔夫球，尽管他们会在冰雪融化和球场开放后尽可能多地打高尔夫球。为了避免存在这个问题，你应该问的是在过去一整年里。或者他们真的很喜欢打高尔夫球，但没有人和他们一起打高尔夫球，所以他们也在寻找一个打高尔夫球的伙伴。那么你应该问，他们是否想打高尔夫球。由此可见，收集样本时使用的问题往往会影响概括的结果。

　　总的来说，每一个从样本中得到的归纳概括都需要满足几个标准。第一，前提必须为真。（唉！这一点非常明显，但人们常常忘记。）第二，样本必须足够大。（又是非常明显的！但人们很少会去问样本究竟有多大。）第三，样本必须没有偏差。（偏差往往不那么明显，因为它隐藏在取样的方法中。）如果你养成习惯，每次遇到或给出一个归纳概括的时候，就问问是否符合这三个标准，那么你就不会那么经常被骗了。

应用

接下来的一种归纳是将概括再应用到个体。我们的例子是以下这个论证："这个人使用的是一个在线交友网站，而只有10%的在线交友网站用户打高尔夫球，所以这个人很可能不打高尔夫球。"这个论证有多强呢？

同上文一样，你需要问的第一个问题是该论证的前提是否为真。如果不是（而且如果你竟然知道这一点），那么这个论证就不会给你一个强有力的理由来相信其结论。但让我们假设前提为真。

你还需要问这个百分比是否足够高（或低）。如果该论证的前提援引的数字说有1%的人而不是10%的人打高尔夫球，那么该论证就会为其结论提供更强的理由。如果前提援引的数字说有30%的人而不是10%的人打高尔夫球，那么该论证为其结论提供的理由就会更弱。而如果该论证的前提说90%的在线交友网站用户都打高尔夫球，那么该论证就可以为相反的结论提供一个强有力的理由，即这个人可能确实打高尔夫球。这些数字会影响这种归纳论证的强度。

另一种错误则比较微妙，而且也很常见。如果在交友网站上联系你的人，是因为你在该网站的个人资料提到高尔夫球才联系你的呢？再加上一条信息，即因为对方个人资料提到高尔夫球而联系对方的用户中有80%的人自己就是高尔夫球爱好者。我们可以将这条新信息加入到一个相互矛盾的统计应用中——这个人联系你是因为你的个人资料提到了高尔夫球，因为对方个人资料提到高尔夫球而联系对方的用户中有80%的人自己就是高尔夫球爱好者，所以这个人可能确实打高尔夫球，或者更准确地说，这个人有80%的可能打高尔夫球。

现在我们有两个结论相反的统计应用。第一个说，这个人可能不打高尔夫球。第二个说，这个人可能打高尔夫球。哪一个更准确呢？我们应该相信哪一个呢？需要注意的关键区别是，这些论证援引了不同的类（class），我们称之为相关类（reference classes）。第一个论证援引的是在线交友网站用户类内的百分比，而第二个论证援引的是在线交友网站特殊用户类内的百分比，这些特殊用户会联系那些个人资料提到高尔夫球的人。第二个类较小，是前一个类的真子集（proper subset）。在这样的情况下，假设前提为真，并且可以证明，相关类范围较小的论证通常能提供更有力的理由，因为其信息更具体针对当下的情况。

在将概括应用于个别结论之上时，人们往往会忽略相互矛盾的相关类。这种错误加上轻率概括谬误，是大量刻板印象和偏见背后的深层原因。在某些情况下，我们都依赖于概括和刻板印象，但对于弱势和易受伤害民族、种族和性别群体的错误概括和刻板印象可能会造成特别大的伤害。一个偏执的人可能会碰到某个族群中愚蠢、暴力或不诚实的成员。每个群体中都有害群之马。接着，这个偏执之人就会轻率地归纳出结论，认为该族群中的每个人都同样愚蠢、暴力或不诚实。然后，这个偏执之人遇到了该族群中另外一个成员，并应用了这个轻率概括的结论。这个偏执之人得出的结论是，这个新遇到的个体也是愚蠢、暴力或不诚实的，而没有考虑到这个新的个体也有其他特征，这些特征能够表现出其聪明、支持和平主义和诚实。这个偏执之人的样本很小，而且没有考虑到这种范围更小的相互矛盾的相关类，这说明了糟糕的推理在引起并维持偏见中发挥了什么作用。当然，糟糕的推理并不是全部，因为情感、历史和自身利益也会助长人们的偏执，但我们还是可能通过避免归纳论证中的简单错误，在一定程度上减少一些偏见。

为什么会出现这种情况？

接下来一种归纳推理的形式是最佳解释推理。这可能是所有归纳推理形式中最常见的一种。当一个蛋糕没有发起来的时候，面包师需要找出这个失败的最佳解释。当一个委员会成员没有出席会议时，同事们会想知道是什么原因导致了这次缺席。当一辆汽车在早上无法启动时，其主人需要找到最佳解释，以便弄清楚该修理哪个部分。这种归纳论证也是侦探（如福尔摩斯）用来抓捕罪犯的方法。侦探们推理出一个关于谁是凶手的结论，是因为这个结论为他们对犯罪现场、嫌疑人和其他证据的观察提供了最佳解释。许多犯罪主题的电视剧，实际上就是漫长的最佳解释推理。科学也会假定一些理论，作为实验中观察到的结果的最佳解释，比如，牛顿假定地心引力来解释潮汐现象，或者古生物学家假定陨石撞击来解释恐龙灭绝现象。

这些论证都有一定的共同形式：

（1）观察：一些需要解释的令人惊讶的现象。

（2）假说：某个能解释（1）中观察结果的假说。

（3）比较：（2）中的解释比任何其他对（1）的观察结果的解释都要好。

（4）结论：（2）中的假说是正确的。

在我们的例子中，（1）中的观察结果是蛋糕没有发起来，同事缺席了会议，汽车没有启动，犯罪出现，潮水上涨，以及恐龙消失。然后，每个论证都需要一系列相互竞争的假说来比较，再加倾向于其中一种解释的理由。

最佳解释推理显然是无效的，因为当前提（1）到（3）都为真时，结论（4）有可能为假。然而，这种有效性的缺乏只是一种特点，而不是一种错误。最佳解释推理并不试图有效，所以批评它们无效是不公平的——就像批评一辆自行车在海里不能工作一样不公平。

最佳解释推理仍然需要满足其他标准。当它们的任何一个前提为假时，它们就会误入歧途。有时，最佳解释推理是有缺陷的，因为前提（1）中的观察不准确。一个侦探在试图解释汽车座椅上的血迹时，可能会被误导，因为这个污渍其实是甜菜汁。当前提（2）中的假说不能真正解释观察结果时，最佳解释推理也会误入歧途。你可能会认为你的汽车没有启动是因为没有汽油了，而实际上发动装置根本没有开始运转，没有汽油不能解释这个观察结果，因为发动装置在没有汽油的时候确实还是会运转（但当电路系统故障时就不会）。对于最佳解释推理来说，最常见的问题也许是前提（3）为假，要么是因为另一个相互竞争的假说比论证者认为的更好，要么是因为论证者忽略了另一个能提供更好解释的假说。你可能认为你的同事因为忘记会议而错过了会议，其实他是在去开会的路上被车撞了。这样的错误可能会让你感到后悔和歉意。

总的来说，一些最佳解释推理可以提供强有力的理由来让人相信其结论，例如，侦探提供了排除合理怀疑的证据，以此证明了被告有罪。相反，其他的最佳解释推理则会失败，例如，甜菜汁被误认为是血液。为了确定最佳解释推理的强度究竟有多大，我们需要仔细去看每个前提和结论。

萨达姆·侯赛因的铝管

让我们用一个有争议的例子来试试看。一些最重要的最佳解释推理，有时是政治决定——例如，美国发动伊拉克战争的决定——背后真正的理由。2003 年 2 月 5 日，美国国务卿科林·鲍威尔（Colin Powell）在联合国安全理事会出席听证会时，给出了这样的论证：

> 萨达姆·侯赛因（Saddam Hussein）决心获得一枚核弹。他的决心是如此之大，以至他一再秘密地试图从 11 个不同国家获得高规格铝管……关于这些铝管的用途，目前还存在争议。大多数美国专家认为，它们会被用作离心机的转子，参与铀的浓缩。其他专家和伊拉克人自己则声称，这些铝管实际上是用来制造一种常规火箭弹，即多管火箭发射器的弹体……首先，让我觉得很奇怪的是，这些铝管的制造公差（tolerance）远远超过美国对同类火箭弹的要求。也许伊拉克制造火箭弹的标准比我们高，但我不这么认为。其次，我们实际上已经检查了几个不同批次的铝管，这些铝管是在到达巴格达之前被秘密截获的。在这些不同批次的铝管中，我们注意到铝管的规格越来越高……他们为什么要不断提高规格？如果真的是造火箭弹，那么他们为什么还要大费周章地去造一些很快就会在爆炸中被炸成碎片的东西？……这些非法采购的企图表明，萨达姆·侯赛因一心想获得其核武器计划中缺少的关键部分，即制造可裂变物质的能力。[7]

当然，我并不赞同这个论证。有许多理由怀疑其前提和结论，特别是考虑到我们后来了解的情况。我的目标只是理解这个论证。

要理解鲍威尔的论证，最自然的方式就是将其视为最佳解释推理。他提到了一个令人惊讶的现象，这个现象需要被解释，他还比较了对该现象的三种潜在解释，所以他的论证完全符合前文提到的最佳解释推理的形式。

（1*）观察：萨达姆·侯赛因一再秘密地试图获得标准越来越高的高规格铝管。

（2*）假设：萨达姆希望制造可裂变物质并用于制造核弹，这可以解释他为什么要尝试（1*）中所述的事情。

（3*）比较：（2*）中的解释优于任何其他对（1*）中观察结果的解释，包括萨达姆声称希望制造常规火箭弹的弹体，以及伊拉克的制造标准更高。

（4*）结论：萨达姆希望制造可裂变物质，用于制造核弹。

鲍威尔还补充了更多的信息来支持其前提，但让我们先从核心论证（1*）到（4*）开始。以这种形式重构这个论证，应该可以揭示或阐明其前提是如何共同发挥作用的，进而提供一些相信其结论的理由。但这个理由有多强呢？为了评估论证的强度，我们需要仔细研究这些前提和结论。

前提（1*）引出了几个问题。萨达姆试图获得的铝管的规格究竟有多高？我们怎么知道他坚持要获得这种高规格的铝管？他尝试了多少次？这是在多久以前？这些秘密的交易是瞒着所有人还是只瞒着美国？萨达姆为什么要隐瞒此事？虽然这样的问题很重要，但鲍威尔可能可以回答这些问题，而且他在证词的其他部分确实援引了证明萨达姆企图的证据，所以在这里把注意力集中在他的其他前提上是说得通的。

前提（2*）补充说明了，（1*）中的现象可以用萨达姆希望制造可裂变物质并用于制造核弹来解释。这就说得通了。希望制造可裂变物质的人，会想要获得制造可裂变物质所需的东西，而制造可裂变物质需要的是高规格的铝管。事实上，只有制造核弹的那种可裂变物质才需要如此高规格的铝管，除了制造核弹，这种可裂变物质几乎没有什么用处。至少鲍威尔是这么假设的。

最严重的问题出现在前提（3*）中。这一前提比较了鲍威尔在（2*）中给出的首选解释与两个相竞争的解释：希望制造常规火箭弹的弹体，以及伊拉克制造火箭弹的标准更高。鲍威尔把重点放在制造火箭弹的弹体这个解释上，因为这个解释是萨达姆自己提出的。不过，如果任何其他解释与鲍威尔在（2*）中给出的首选解释一样有力，那么他的论证就会失败，因此我们需要同时考虑这另两种可能。

鲍威尔以反问的方式批评了制造常规火箭弹的弹体这个解释："他们为什么要不断提高规格？如果真的是造火箭弹，那么他们为什么还要大费周章地去造一些很快就会在爆炸中被炸成碎片的东西？"他在这里的意思是，制造常规火箭弹的弹体这个解释不能解释不断提高规格的问题，因为火箭弹的弹体不需要提高规格，而他首选的用于制造核弹的解释，却能成功解释这些额外的观察结果。这个说法能够解释更多的观察结果，这正是该解释显得更好的原因。

这种解释力度的提高是一个解释优于另一个解释的常见基础。比如，格雷戈尔杀死马克西姆的假说，可以解释为什么凶案现场外的鞋印是 14 码，因为格雷戈尔穿的是 14 码的靴子，但这个假说不能解释为什么这些鞋印有其独特的鞋底花纹，因为格雷戈尔没有任何一双带有这种鞋底花纹的靴子。那么，如果伊万穿 14 码的靴子，并且也有这种鞋底花纹很独特的靴子，那么这个解释就不如伊万杀死马克西姆的假说好了。我们更倾向于能解释更多观察结果的假说。鲍威尔只是将这个一般原则应用到铝管的例子上了。

这个论证仍会遭到许多反对意见。批评者可以否认或怀疑伊拉克确实在不断提高规格，在这种情况下，就没有必要对此做出解释。或者他们可以回答说，这些不断提高的规格是常规火箭弹的弹体所需要的，所以另一种假说确实也可以解释观察到的情况。为了避免这些反对意见，鲍威尔需要背景论证（background arguments），而这些论证并不包括在他所援引的段落中。不过，即使不深入研究，我们重构的论证也至少指出了两个需要进一步探讨的问题。

鲍威尔提到的另一种解释是，"伊拉克制造火箭弹的标准更高"。在这里，鲍威尔似乎是在冷嘲热讽。所以，他认为自己只需要简单地回答说："我不这么认为。"这种讽刺性的保证似乎建立在这样一个假设上：美国对制造标准的精确度要求至少和伊拉克一样。这个假设对某些听众来说可能是显而易见的，但令人惊讶的是，鲍威尔并没有明确给出任何理由，来支持他自己的解释比另一个解释更好。

不加论证地忽略或否定另一种解释并不一定总有问题。有些可选解释显然理由不充分，以至不值得花任何力气去反驳。否则每一个最佳解释推理就都需要长篇大论，以便反驳每一个愚蠢的可选解释。尽管如此，这种不对其他可选解释进行反驳的做法，确实减少了论证的潜在听众。这样的论证无法触动任何倾向于接受那些可选解释的人。

鲍威尔的论证中最严重的弱点不在于他确实提到的可选解释，而在于他没有提到的更多解释。这个问题普遍存在于最佳解释推理中。只要回忆一下任意一件谋杀疑案，在侦探们以为已经破案之后，新的嫌疑人又出现了。与此相同的可能性也会削弱鲍威尔的论证，但这里的嫌疑人指的是其他假设。为了反驳他的论证，鲍威尔的对手只需要提出另外一个可行的假设，该假设至少和鲍威尔的假设一样能够解释相关情况。

请注意，对手不必给出更好的其他解释。如果他们只想表明，鲍威尔没有证明其结论是合理的，那么他们只需要表明有一种可选解释至少与鲍威尔的解释一样好。如果两个可选解释一样好，那么鲍威尔的论证就不能决定哪一个是正确的。在这种情况下，鲍威尔的对手就赢了，因为鲍威尔才是那个需要设法证明自己的解释更好的人。

不过，哪怕想出一个像样的可选解释可能都很难。也许以可裂变物质为食的外星人控制了萨达姆，但他自己并不想吃那些东西。如果没有办法检测到这种外星人的存在，你就无法证伪这种可能的假说。尽管如此，这些外星人的存在会违反人们公认的物理学定律，所以我们有足够的理由认为这个假说非常愚蠢。再现实一点，也许萨达姆患有强迫症，所以他才会不断要求规格更高的铝管。但是，他在生活的其他方面，并没有表现出强迫症的症状，所以没有独立的证据证明他患有这种精神障碍（虽然也许他有其他精神障碍，比如自恋）。这样的假说显然连像样的解释都算不上。

我们真正需要的是一个像鲍威尔的解释一样好的、合乎实际的解释，是一些常见的、看上去合理的动机，能够解释为什么萨达姆要寻求更多的、规格更高的铝管。也许他想把这些铝管用于一些无害的制造业中。也许是这样吧，但这个假说缺乏解释力度——它并不能解释太多东西，除非我们把这个解释说得更具体。什么样的产品需要这种高规格铝管呢？萨达姆计划用这些铝管制造其他产品的假说，不能解释为什么他在论证中只提到常规火箭弹。而鲍威尔已经否定了关于火箭弹的假说。

因此，要想出至少和鲍威尔的解释一样好的解释并不容易。当然，这种困难可能是由于我（还有你？）对火箭、可裂变物质和伊拉克制造业缺乏了解。即使我们不能给出任何合理的其他可选解释，也可能存在一些和鲍威尔的解释一样好的解释。然而，在没有找到任何这种其他可选解释的情况下，鲍威尔的论证确实让人有理由去相信他的结论。

当我们细致研究这个结论时，会发现其他问题。这个最佳解释推理的结论，理应与解释观察结果的假说相同。然而，使用这种论证形式的人往往会对其结论进行微妙的变化。这里就出现了这种情况。首先，萨达姆获取铝管的企图发生在过去。用来解释这些企图的，是过去萨达姆产生这些企图时的想法。但结论却是关于现在的：萨达姆现在希望——而不是过去希望，制造可裂变物质并用于制造核弹。鲍威尔把动词的时态从过去时换成了现在时！ 而这里的现在时是至关重要的。鲍威尔想证明听证会后迅速入侵伊拉克是合理的。如果萨达姆是过去希望得到可裂变物质，但现在不再有这种愿望，鲍威尔的论证就不成立了。因此，鲍威尔至少没有给我们一些理由，让我们相信萨达姆的想法没有改变。

同样，如果萨达姆仍然希望得到用于制造核弹的可裂变物质，但他几乎没有或根本没有机会得到任何他想要的东西，那又会怎样？就像滚石乐队唱的那样："你不可能总是得到你想要的东西。"那么，萨达姆想得到用于制造核弹的可裂变物质的结论，就不足以证明美国入侵伊拉克是合理的。世界上很多其他国家的领导人都想拥有核弹，但美国没有理由入侵所有这些国家。只有当入侵他国能够避免某种伤害或危险时，这种行为才能被证明是合理的，但仅仅是想拥有核弹而没有任何机会实现这种愿望，并不会造成伤害或危险——或者至少不会有足够的伤害或危险来证明入侵他国是合理的。因此，鲍威尔同样还没有给出我们一些理由，让我们相信萨达姆有很大的机会得到核弹。

这些欠缺的理由表明，鲍威尔的论证充其量只能说是不完整的。与之前一样，我在这里的工作不是要确定鲍威尔是否正确，更不是要确定美国入侵伊拉克是否名正言顺。我对这些都表示怀疑，部分原因是由于这几年来新出现的资料，但这在该论证中并不重要。我的目标只是为了更好地理解鲍威尔及其论证。承认他的论证中有这些缺陷，与承认他的论证仍旧实现了一些目的是完全不矛盾的。他的论证使我们有一定的理由相信萨达姆希望制造用于核弹的可裂变物质这一结论。与许多论证一样，如果我们既承认其成功之处，又承认其局限性，我们就能更全面地理解这个论证。

这个例子还给了我们一些其他教训。鲍威尔的论证表明，最佳解释推理即使在不完整或糟糕的情况下，还是能有很重要的影响。与其他论证一样，最佳解释推理也可以在得不到证明的情况下说服他人。我们都需要学习如何评估最佳解释推理，以避免这种错误及其会付出的全部代价。

1．Sir Arthur Conan Doyle, "The Greek Interpreter", in *The Memoires of Sherlock Holmes*(London: George Newnes,1894),p.183.

2．John Dewey, *The Quest for Certainty: A Study of the Relation of Knowledge and Action* (New York:Capricorn, 1960).

3．有时，用条件理由而不是条件概率来思考归纳论证的力度可能更直观。对比 Keith Lehrer, *Knowledge* (Oxford: Clarendon Press, 1974), 这本书从概率的角度分析了证明过程，以及 Keith Lehrer, *Theory of Knowledge* (Routledge, 1990)，这本书从理由的角度分析了证明过程。这种哲学上的区分不会影响我在文中的主要观点。

4．假设爱丁堡有 50,000 辆汽车和 1000 辆菲亚特牌汽车。目击者会将其中的90% 或 900 辆车认作菲亚特牌的。但他也会把 49,000 辆非菲亚特牌汽车中的 10% 或 4900 辆车误认成菲亚特牌的。因此，在他认定为菲亚特牌的900+4900=5800 辆汽车中，只有 900/5800=15.5% 才真正是菲亚特牌汽车。

5．关于这些和其他类型的归纳论证，详见教材 Sinnott-Armstrong and Robert Fogelin, *Understanding Arguments: An Introduction to Informal Logic,* 9th edn(Stamford, CT: Cengage Advantage Books, 2014), 以及我和拉姆·内塔（Ram Neta）的慕课。

6．Martin Luther King, Jr., "I Have a Dream" (1963), https://www.archives.gov/files/press/exhibits/dream-speech.pdf

7．General Colin Powell, Address to the United Nations Security Council, 5 February 2003, http://www.americanrhetoric.com/speeches/wariniraq/colinpowellunsecuritycouncil.htm

第三部分

如何不去论证

第十章
如何避免谬误

现在有好消息也有坏消息。好的论证是有用的，但不好的论证可能是毁灭性的，正如我们在科林·鲍威尔于联合国所提供的证词中看到的那样。在没那么极端的情况下，不好的论证会误导我们，让我们把钱浪费在不必要的保险或不可靠的二手车上，让我们相信童话和妄想，让我们采纳破坏性的政府计划，同时又放弃建设性的政府计划。这些危险，使识别和避免不好的论证变得至关重要。

不好的论证显然可以是有意的，也可以是无意的。有时，说话者会给出他们认为好的论证，尽管他们的论证真的很糟糕。这些都是论证中的错误。在另一些情况下，说话者知道他们的论证很不好，但他们还是用这些论证来愚弄他人。这些则是伎俩了。在这两种情况下，论证可能都同样糟糕。唯一的区别在于论证者的意识和意图。在这两种情况下，发现论证中的谬误都非常重要。

不好的论证所具有的特性和多样性，会妨碍我们进行任何全面的调查，但许多不好的论证确实都属于被称为谬误（fallacies）的一种一般类型。我们已经看到过几种常见的谬误，包括演绎论证中的肯定后件式和否定前件式，再加上归纳论证中的轻率概括和忽略相互矛盾的相关类。当然，假的前提会使任何论证都变得不好，无论其论证形式如何。

本章将再介绍几种经常使人误入歧途的谬误。我将重点介绍三类特别常见的谬误。

你是什么意思？

我们对论证的定义不仅揭示出了论证的目的与形式，而且揭示出了其包含的材料——论证是由语言构成的。无论是前提还是结论，都是由某种语言的陈述句所表达的命题。因此，当语言出现问题时，论证也会随之分崩离析，就像桥梁的材料出现裂缝时，桥梁就会崩塌一样，这一点也不奇怪。

语言会在很多方面存在问题，但两种最常见且重要的问题是含混（vagueness）和歧义（ambiguity）。含混出现在词语或句子的意思在上下文中不够明确的时候。在寻宝游戏（scavenger hunt）中，如果玩家不知道他们是否可以通过交出一个身高超出平均身高的人而获胜，那么寻找高大的东西这条指令就太含混了。[*]相反，当一个词有两个不同的意思，而听众不清楚说话者打算表达哪个意思时，就会出现歧义。如果我答应在"bank"旁边见你，那么我最好告诉你我指的是商业银行（commercial bank）还是河岸（river bank）。一个词有时可以既含混又充满歧义，比如有时候知道河岸的哪个位置也很重要。

一语双关

报纸标题中的含混之处比比皆是。我最喜欢用的一个例子是"Mrs. Gandhi Stoned in Rally in India"（"甘地夫人在印度的集会上被人扔石块"或"甘地夫人在印度的集会上因为服用毒品精神恍惚"）[1]。没错，有一家报纸真的刊登了这个标题。这个标题的意思可能是有人向甘地夫人扔石块，也可能是她服用了使自己精神恍惚的毒品。[†]你得读了这篇文章才知道标题究竟是哪个意思。另一个我喜欢的例子是"Police Kill Man With Ax"（"警察杀死了持有斧头的男子"或"警察用斧头杀死了一个男子"）。在这里，问题不是像上一个例子那样，因为一个词改变了意义，而是"With Ax"既可能是该男子"持有斧头"，也可能是警察"用斧头"。[‡]当语法或句法出现这样的歧义时，我们就把这种歧义叫作语法歧义（amphiboly）。不管是

---

[*] 在寻宝游戏中，组织者会准备一份清单来要求寻找具体的物品，参与者需要收集清单上的所有物品。——译者注

[†] "stoned"可以表示扔石头的动词"stone"的过去时，也可以表示服用毒品后精神恍惚状态的形容词。——译者注

[‡] "with"可以表示携带某物，也可以表示使用某物。——译者注

标题中的歧义还是笑话中的歧义都能产生娱乐效果，比如，"I wondered why the Frisbee was getting bigger, and then it hit me" （"我想知道为什么飞盘会越来越大，然后我就懂了"或"然后飞盘就击中我了"）。[2*]

　　这种歧义会削弱论证。想象一下，有人论证称："My neighbor had a friend for dinner.（'我的邻居请了一位朋友吃饭'或'我的邻居把一位朋友当饭吃掉了'。）[†]任何把朋友当饭吃掉的人都是食人者。食人者应该受到惩罚。所以，我的邻居应该受到惩罚。"这个论证是谬误的，但为什么呢？该论证的第一个前提似乎是指我的邻居请一位朋友到他家吃饭。相反，该论证的第二个前提指的却是把朋友当饭吃掉的人。因此，这些前提使用了"had a friend for dinner"这句话的不同含义。而在整个论证过程中，如果两个前提都坚持使用同一个意思，那么其中一个前提显然为假。第一个前提如果是指我的邻居把一位朋友当饭吃掉了，那么这个前提就不是真的（我希望如此）。第二个前提如果指的是邀请朋友到自己家吃饭，那么这个前提就不是真的。因此，无论哪种解释，这个论证都不能成立。这种谬误叫作语义歧义（equivocation）。

　　一个更严肃的例子是，人们普遍有这样一种论证，认为同性恋是不自然的，所以它一定是不道德的。这个论证显然取

---

* "hit"可以表示某人有了某种想法，也可以表示击中某人。——译者注
† 此处"have"可以表示邀请某人，也可以表示吃了某人。——译者注

决于一个隐藏前提，即不自然的东西就是不道德的。补充了这个额外前提，这个论证是这样的：(1) 同性恋是不自然的。(2) 一切不自然的东西都是不道德的。因此，(3) 同性恋是不道德的。

这个论证的力量就取决于"不自然"一词。"不自然"在这里究竟是什么意思？可能是指同性恋者违反了自然规律，但这不可能是正确的。同性恋不是奇迹，所以如果"不自然"是这个意思，前提 (1) 一定为假。相反，前提 (1) 还可能意味着同性恋是不正常的，或者不是自然界中的一般情况，是例外。这个前提之所以为真，只是因为同性恋在统计学上是不常见的。但此时前提 (2) 是真的吗？统计学上不常见的东西有什么不道德的吗？弹奏印度西塔琴（sitar）或保持独身也是不常见的，但弹奏印度西塔琴或保持独身并不是不道德的。还有第三种解释，前提 (1) 可能意味着同性恋是后天人为的，而不是完全自然的产物，就像说食品成分的"纯天然"那样。但这又有什么不好呢？有些人工成分吃起来味道好，对你也有好处。所以，前提 (2) 在这个解释中同样为假。

这些批评同性恋的人可能是指更复杂的东西，比如违背演化的目的。这种解释比较善意，也更能说得通。他们的想法可能是，违背演化论是很危险的，就像有人试图用头钉一颗钉子，因为我们的头并不是为了钉钉子而演化的。这一原则，再加上性器官的演化目的是为了繁衍后代，而同性恋者使用性器官并不是为了繁衍后代这两个新增加的前提，似乎可以支持同性恋是危险的或不道德的结论。

同性恋者及其盟友如何回应这一论证呢？首先，他们可以否认性器官的唯一演化目的是繁衍后代。对于异性恋者和同性恋者来说，性都可以给他们带来愉悦，并且让他们表达爱，这正是我们通过演化得来的。这些其他目的并没有什么不自然的地方。性可以满足很多的演化目的。其次，同性恋的辩护者可以否认，除了演化目的之外，使用身体器官总是危险或不道德的。我们耳朵的演化并不是为了佩戴首饰，但这并不意味着戴耳环是不道德的。同样的道理，声称同性恋者没有把性器官用于演化目的，也不能说明同性恋有什么不道德的地方。

最后，这个论证可能会用"不自然"一词来表示"违背上帝对自然的计划、意图或设计"之类的意思。这一说法的主要问题是，它要说明为什么同性恋的辩护者应该接受前提（1），即声称同性恋违背了上帝的计划或设计。这个前提假定了上帝存在，而且上帝拥有相关的计划，但同性恋违背了这个计划。许多同性恋的批评者接受这些假设，但他们的反对者却不接受。因此，这个论证对那些根本不接受其结论的人会有什么力量是不清楚的。

那么，总的来说，这种认为"同性恋是不道德的，因为它是不自然的"论证存在着核心的歧义。该论证犯了语义歧义谬误。这个批评并没有结束讨论。该论证的辩护者仍然可以尝试做出回应，提出"不自然"一词的不同含义，使其前提为真而且可以被证明是合理的。另外，同性恋的反对者也可以转而给出不同的论证。但他们需要做一些事情。因为论证的责任在他们身上。如果这个论证存在语义歧义，他们就不能再依靠目前这个简单论证的形式了。

　　这个例子阐明了一种问题模式，当我们每次怀疑存在语义歧义谬误时，都应该问问这种问题。首先要问哪个词似乎会改变意思。然后再问这个词可能有哪些不同的含义。接着为该词在论证中的每一处出现指明一种含义。再问该论证的前提是真的吗，该论证是否能为这种解释下的结论提供足够的理由。如果其中一种解释产生了一个强有力的论证，那么这一个含义就足以使论证成立。但如果这些解释都不能产生出一个强有力的论证，那么这个论证就犯了语义歧义谬误，除非你只是没有找到能够拯救该论证的词义。

越滑越远

　　第二种语言不明晰问题是含混。哲学界有大量关于含混的文献，[3] 这些文献讨论了诸如多少粒沙子才能算作一堆沙子等"紧迫议题"。含混也每天都在引发实际问题。

　　我的朋友经常迟到。你的朋友呢？假设玛丽亚答应在正午前后和你一起吃午饭，她在正午过了 1 秒后才到。那还是在正午前后，不是吗？如果她在正午过了 2 秒后才到呢？那也是正午前后，对吧？ 3 秒呢？ 4 秒呢？如果她在正午过了 30 秒后才到，你也不会指责她迟到吧？而且，多 1 秒也不能对她究竟是否迟到产生影响。如果说正午过了 59 秒后不算迟到，但正午过了 60 秒后就算迟到，那就说不通了。现在我们有一个悖论：如果玛丽亚在正午过了 1 秒后到达，她就没有迟到。如果她没有迟到，那么再多 1 秒也不能使她迟到。这些前提加在一起就意味着，即使她在正午过了 1 小时后才到达，她也不可能迟到，因为 1 小时只是一连串的 1 秒后再多 1 秒。问题是，这个结论显然为假，因为如果她在正午过了 1 小时后到达，她肯定是迟到了。

这个悖论之所以会出现，部分是因为我们一开始就用了"正午前后"这个含混的词。如果玛丽亚同意在正午之前和你见面，就不会有（或更少有）悖论了。但这正是问题的关键。含混导致了悖论，而我们在日常言语中无法避免使用含混的词语，那么我们如何避免悖论呢？实际上，我们无法避免。

这个悖论重要吗？如果我们想从理论上理解含混，那么它就很重要。如果玛丽亚迟到很久了，我们需要决定究竟是抱怨着等待还是离开，还是不等她就点餐，这在实际层面上也很重要。什么时候这种行为才合理呢？我记得曾坐着等了很长时间，一直在好奇这个问题。

无论我们等多久，也绝对不应该得出一些结论。实际上有几位哲学家认为，既然没有精确的时间能够确定多久才算迟到（至少当他们承诺在正午前后到达的时候是这样），那么就没有人会真的迟到。有些人还得出结论说，准时和迟到之间没有真正的区别。这种推理是一种概念滑坡论证（conceptual slippery-slope argument）。这使得守时变成了必然的事情，因为你不可能真的迟到。

另一种不同的滑坡论证不再注重概念，而是注重因果效应。因果滑坡论证（causal slippery-slope argument）宣称，一个原本无害的行为很可能会把你引向滑坡，最终导致灾难，所以你不应该进行第一种行为。如果玛丽亚迟到了 1 分钟，没有人抱怨，那么她轻微的迟到使她下次更有可能迟到 2 分钟，然后迟到 3 分钟，再迟到 4 分钟，以此类推。这样的滑坡会导致不良的习惯。

我们要如何处理这些问题呢？我们应该划定明确的界限。如果玛丽亚一开始就到得太晚，那么我们可能会告诉她："如果你在 12 点 15 分之前没有到，那么我就会离开。"我们也必须将这个威胁付诸实践，但如果玛丽亚就此得到了教训，那也没什么不好。只是如此武断，似乎有什么问题。不过，虽然选在 12 点 15 分而不是 14 分或 16 分是武断的，但我们还是有理由划定一些界限（否则我们怎么让玛利亚以后不再越来越晚地出现？），我们也有理由把我们的界限确定在一定的范围内（12 点 1 分之后和 1 点之前）。我们在范围之间划定界限的理由，解决了滑坡论证的实际问题，尽管这些论证还是让许多哲学问题悬而未决。

爱迟到的朋友很烦人，但其他滑坡论证会引起更严重的问题，比如酷刑的例子。酷刑在几乎所有情况下都是不道德的，但"几乎"这个保护用语很关键。像阿布格莱布（Abu Ghraib）监狱那样无用的酷刑是根本不可能被证明是合理的，但一些伦理学家在有可能避免极端伤害的情况下，还会为酷刑辩护，比如事关定时炸弹的案件。*想象一下，警察抓到了一个公认的恐怖分子，他安装了一颗定时炸弹，如果不拆除，可能很快就会杀死很多人。当且仅当恐怖分子说出炸弹的位置，警察才能阻止屠杀，但恐怖分子拒绝说出真相。而如果警察对他施加足够的痛苦，例如使用水刑，他有一定的可能说出炸弹的位置。

这种案件存在争议，但这里的重点是，双方常见的论证都有赖于含混和滑坡。其中一个连续体（continuum）是，如果炸弹爆炸，会有多少人受到伤害。†人们并不需要精确的数字来证明酷刑是合理的。另一个连续体是概率。酷刑通常会产生虚假信息，但仍有一定的成功机会。人们不可能精确说出，获得准确信息的概率究竟需要多高，才能证明酷刑可以拯救一定数量的生命。第三个连续体是酷刑造成的痛苦程度。受到 1 分钟的水刑是一回事，但水刑可能持续几个小时。那么殴打、火烧、电刑呢？这些刑罚也能够被允许吗？要实施多少刑罚？多长时间？同样，人们也不可能准确说出，究竟允许施加多大的痛苦，才能具体增加挽救一定数量生命的机会。

这些连续体使概念滑坡论证成为可能。这里就有一个例子：为了将恐怖分子使用臭气弹的概率降低 0.00001%，警察施加极度的痛苦不会被证明是合理的。潜在伤害、痛苦的微弱减少

---

* 在 2003 年伊拉克战争爆发初期，美国军队占领伊拉克后，美国和英国军人在巴格达阿布格莱布监狱中对伊拉克战俘实施了一系列侵犯人权的行为。——译者注

† 连续体谬误是指，由于无法精确定义某些关键概念，因而某些概念、论证是无用、无意义的。——译者注

或成功概率的微弱增加，都不能将无法被证明合理的酷刑变成可被证明合理的。再有一个微弱增加也是如此，以此类推。因此，任何酷刑——实际上是审讯期间施加的任何痛苦，都是无法被证明为合理的。

这个论证是可逆的。警察有可被证明合理的理由让嫌疑人在不舒服的椅子上坐 1 分钟，以便将恐怖主义分子使用核弹的概率降低 10%，该核弹的使用会导致数百万人死亡。受害人数或核弹成功爆炸概率的微弱减少，或嫌疑人痛苦程度的微弱增加，都不能使可被证明合理的审讯变成不可被证明合理的酷刑。接下来一个微弱的增加也是如此，以此类推。因此，没有任何酷刑是不可被证明合理的。

当一个论证在两个相反方向上都能顺利进行时，该论证在两个方向上都是失败的，因为它不能给出任何理由，来解释为什么一个结论比其对立结论更好。普遍的教训是，我们都需要通过询问对手，是否能从另一边给出类似的论证，来检验自己的论证。如果对手做到了，这种对称性就有力地表明，我们自己的论证目前是不充分的。

这个教训仍然没有告诉我们，如何停止从滑坡上继续往下滑。一个潜在的解决方法是定义。美国政府曾一度宣布，除非审讯造成相当于器官衰竭的痛苦，否则就不是酷刑。[4] 这个定义本应允许审讯者在不实施酷刑的情况下，长时间地对嫌疑人使用水刑。然而，反对者可以只是简单地对酷刑进行更广泛的定义。例如，他们可能会说，只要警察故意造成任何身体上的痛苦，就属于酷刑。那么，即使是几秒钟的水刑也应算作酷刑，但如果要求嫌疑人站立（或坐在不舒服的椅子上）1小时，目的是为了让他们更顺从，那么这也算是酷刑了。因此，和前面一样，对手可以在相反的方向采取同样的论证步骤。

尽管如此，定义确实给了我们一些希望。但如果这些定义仅仅囊括一些概念的常见用法，就像字典中对词语的定义，是远远不够的。这些常见用法都过于含混，无法解决这个问题。相反，酷刑的定义则旨在实现一个实际或道德目标。这些定义试图（而且应该）将所有在道德方面相似的案件归为一类。因此，对手可以讨论哪种定义能实现这一目标。这种辩论将是复杂的、有争议的，但至少我们知道为了在这个问题上取得进展需要做什么。我们需要确定哪种定义能产生最可辩护的法律和政策。

因果滑坡呢？这里的两个方向并不那么对称。如果我们开始使用一点点水刑，那么这就迈向了滑坡的第一步，似乎有可能打破对实施酷刑的心理障碍、制度障碍和法律障碍。这将导致在更多的情况下，在能够避免的伤害更少、成功的概率也更小的时候，人们使用更长时间的水刑。这种因果滑坡最终可能导致广泛且不可被证明合理的酷刑。从另一个方向看，如果我们稍微减少一点极端酷刑，这种小恩小惠让警察完全放弃审讯的可能性似乎要小得多。审讯的动机很可能会阻止这种因果滑坡，不至造成灾难。因此，反对酷刑的因果滑坡论证无法像支持相同结论的概念滑坡论证一样被摈弃，因果滑坡论证不是对称的。

一如既往，我并不赞同这一论证或其结论。事实上，把这个论证归为因果滑坡而不是概念滑坡，揭示出了反对者可以反对的地方。这个论证取决于一个有争议的预测：使用一点点水刑最终会导致使用大量水刑。这个前提可能是准确的，但并不显而易见，特别是因为各方机构可以制定各种规则，限制被允许的酷刑程度和数量。如果我们想避免极端酷刑，有两种选择可能会奏效。一种是禁止一切酷刑。另一种是施行限制酷刑的规则。当然，反对一切酷刑的人会否认这种限制能够有效地施行，但他们需要为这种主张进行论证。作为回应，有限酷刑的辩护者需要说明各方机构如何能够真正有效地限制酷刑。目前尚不清楚如何确立这两个相互冲突的前提，但我们对这些论证作为因果滑坡的分析已经取得进展，找到并阐明了关键问题。

无论你是否接受反对酷刑的论证，该论证都揭示出了我们需要做什么，以便评估任何滑坡论证。首先确定滑坡是概念性的还是因果性的。如果是概念性的，就问这个滑坡是否在相反的方向上也是同样的滑坡，以及是否可以通过定义来解决这个问题，而这个定义可以被其实际或理论上的好处证明是合理的。如果滑坡是因果性的，则要问涉足这个滑坡是否真的会导致灾难。提出和回答这些问题可以帮助我们确定哪些滑坡是我们真正需要避免的。

我能信任你吗？

我们的第二类谬误，引出了前提何时与结论相关的问题。令人惊讶的是，论证经常从关于一个主题的前提跳到关于另一个不同主题的结论。

当人们回答不出被问到的问题时，就会出现明目张胆的谬误。这种诡计充斥于政治辩论中，破坏了人们的理解。我们都需要学会发现这种诡计，并阻止诡计的进一步实现。我们需要注意到人们没有回答问题的情况，并公开指出来。

在这里，我们将重点讨论更微妙的将不相关事物（irrelevance）混为一谈的例子。具体而言，许多论证会提出关于某个人的前提，以此作为理由来支持关于某个命题或信念的结论。这些论证可以是正面的，也可以是负面的。有人可能会说"他是个坏人，所以他说的都是假的"，或者可能会说"他是个好人，所以他说的是真的"。前者被称为诉诸人身（*ad hominem*）论证，后者则是诉诸权威（appeal to authority）论证。二者的区别在于，有关论证是让我不信任还是信任这个人。

人身攻击

以下是一个典型的负面论证模式的例子：

这是一个有趣的问题：为什么这么多的政治抗议者，说得委婉一点，他们的外表都很丑陋？……这只是一个视觉上的事实，那些拿着手写标语牌在封锁线上游行的学生和非学生，大多都是外表相当没有吸引力的人……他们要么太胖，要么太瘦，身材比例往往都很奇怪……但是，如果说大自然没有给这些人太多机会去选择，那么他们自己也没有想办法去改善多少。不合身的蓝色牛仔裤似乎是制服。还有松垮的上衣。头发看起来很凌乱，也没有洗过。他们穿着各式各样看起来愚蠢的鞋。恶心……[5]

这位作者显然是想让读者因为抗议者的外表而不信任和否定他们。

很难想象有人会被这种明目张胆的谬误所误导，但有时这种手段确实起作用，会将目标与负面情绪联系起来，如厌恶、蔑视或恐惧。这些负面情绪会产生不信任感，即使引发负面情绪的特征与当前的话题无关。这一伎俩在历史上一直被用来排除异见群体的意见。这种伎俩还可能隐藏在（美国大部分地区）剥夺获释重刑犯投票权的法律背后，甚至在他们非常了解和关心的议题上也是如此，比如刑事政策。这种伎俩也会影响到刑事审判——陪审团因为强奸受害者以前的自愿性行为超过了他们认为适当的范围，就不信任受害者的指控。

诉诸人身论证有许多种类。最明目张胆的谬误是，有人声称，"她有一个不好的特征，所以她说的必然为假"。一种不那么明目张胆的形式，出现于可靠性受到怀疑的时候，比如，"她有一个不好的特征，所以你不能相信她说的话"。这两种论证的关键区别在于，前者断定一个说法为假，而后者则让我们不知道该相信什么。第三种论证则根本否定了某人的发言权，比如，"她有一个不好的特征，所以她没有权利就这个话题发言"。这个论证的结论也没有告诉我们该相信什么，因为它留下了一个问题——如果她真的发言了，她的观点是否真实可靠。正如上文所援引的句子一样，人们往往不清楚所给的论证究竟是其中的哪一种，尽管问题的关键就是这一大类谬误中的一种。

每一种诉诸人身谬误都能误导他人，部分原因是与其同类的其他论证确实能为其结论提供支持的理由。旁听者在议会辩论中没有发言权，无论他们发言的可信度有多高。你实在不应该相信一个物理学不及格，却对某个物理学争议持有坚定立场的人。而有时候，一个人的特征甚至会让人有理由相信他说的话是假的，比如，一家廉价服装店的老板告诉你，他的商品由最好的丝绸制成。

尽管有这种可能性，但诉诸人身论证往往是充满谬误的，所以我们应该以极大的怀疑态度来审视这种论证。在从关于相信某观念的人的负面前提，得出关于该观念的结论之前，你应该一直都保持小心翼翼。

不幸的是，人们很少这么小心。正如我们在第一部分中所看到的，保守主义者常常通过称对手为自由主义者来拒绝其观点，这与自由主义者常常通过称对手为保守主义者来否定其观点一样。这种分类就犯了诉诸人身谬误，因为它们利用关于这个人是自由主义者还是保守主义者的前提，来得出关于这些人所提出的特定主张的结论。自由主义者有时是对的，保守主义者也是如此。因此，仅仅因为相信某观念的人是自由主义者或保守主义者，就认为他的任何观念为真或为假，这是非常可疑的。

当有人说对手愚蠢或疯狂时，所犯的错误是不同的。这些都是人的特征，所以这个论证仍然是诉诸人身论证。尽管如此，不去相信那些真正愚蠢或疯狂的人的观点是合理的，至少当他们的观点看起来很特立独行的时候是这样。这里的主要问题反而是，这些前提通常为假，因为被攻击的人并不是真的愚蠢或疯狂。

人们经常会被这些谬误愚弄的一般性趋势，助长了阻碍合作和社会进步的政治两极化。当我们根据对手的身份而否定他们时，我们就切断了去了解他们或向他们学习的任何希望。这就是我们需要小心避免这种谬误的原因之一。

一般来说，每当你遇到任何从关于某人负面特征的前提，来得出关于此人主张的结论的诉诸人身论证时，你都应该批判性地评估这些前提是否为真，同时也要评估这个负面特征是否真的与主张的真实性、此人的可靠性或此人在这个问题上的发言权有关。提出这些问题，既可以帮助你减少个人错误，也有助于减少社会的两极化。

质疑权威

从人与人之间的争论到立场之间的争论，正面论证模式至少与负面论证模式一样常见。信任我们喜欢或钦佩的人，这种倾向被称为光环效应（halo effect）（看到光环就想到天使），不信任我们不喜欢的人，这种倾向被称为尖角效应(horn effect)（看到尖角就想到魔鬼）。我们同时受这两种效应的影响——光环和尖角。我们信任自己的盟友，我们不信任自己的对手。事实上，我们常常过于信任自己的盟友了。

当人们信任一个权威时，他们会从关于该权威的前提出发，来论证该权威所说的结论。我可能会说："我的朋友告诉我，我们的邻居有外遇，所以我们的邻居有外遇了。"只有我的朋友在这种问题上非常可靠，这个论证才是有力的。同样，我可能还会说："这个网站或新闻频道告诉我，我们的总统有外遇，所以我们的总统有外遇了。"只有这个网站或新闻频道在这种问题上非常可靠，这个论证才是有力的。如果一个朋友或新闻频道在这种问题上不可靠，那么在这个议题上，他们就不值得我们信任。但如果他们可靠，那么他们就至少值得一定的信任，即使他们与我们意见不同。

我们如何判断一个信息来源在某个特定议题上是否可靠？没有万无一失的测试方法，但提出一系列简单的问题，应该是一个好的开始。

我们总是要问的第一个问题很简单："论证者是否正确地援引了权威资料？"我们在第八章中重构的那篇新闻报道中援引了罗伯特·乔安西的话，并概述了亚洲开发银行的一份报告。我们应该问："乔安西真的一字一句地说过这些话吗？亚洲开发银行的报告内容是否真的如文章所说？"令人惊讶的是，人们经常有意或无意地错误援引权威人士的话。即使权威人士的话被准确援引，这些话有时也会被断章取义，以至其含义被扭曲。有人援引乔安西的话："由于贫困状况加剧与气候变化的负面影响增加，近年来城中村迅速发展壮大。"现在想象一下，这个人的下一句话是："幸运的是，这些趋势正在放缓甚至逆转，所以我们不需要担心未来几年城中村的问题。"如果他说了这句话——实际上他没有说，但如果他说了的话，那么文章所援引的话就会有极大的误导性，尽管他确实一字一句地援引了报道中的内容。因此，每当你遇到诉诸权威的时候，你不仅要问该诉求是否准确地援引了权威的话，而且要问该诉求是否正确代表了权威的真实意思。

关于诉诸权威的第二个问题比较复杂："能否信任被援引的权威所说的是实话？"第一个问题是关于文字和含义的，第二个问题则是关于动机的。如果权威有某种说谎的动机，或者权威倾向于以轻率或误导性的方式说出他们的发现，那么即使他们的话被正确援引，也不能信任他们。举例来说，如果乔安西是想为他供职的慈善机构筹款，他要是能说服你捐钱帮助解决城中村的问题，他个人就会受益，那么你就有理由怀疑，他是否为了自己的目的而夸大了问题。于是他的私利就成为了不信任他的理由，因为这可能导致他即使知道这些真相，也会说谎。

如果一个权威因为私利或其他什么原因无法被信任，我们应该怎么办？一种方法是去向其他独立的权威核查。如果不同的权威各自独立，也没有宣称同一观点的动机，但他们还是意见一致，那么他们为什么意见一致的最佳解释，通常是他们的观念是准确的，所以我们有理由信任他们。要证明信任是合理的，就要去寻求确证。

第三个问题更加棘手："所援引的权威是否确实是相关领域的权威？"要成为哪怕是一个领域的权威，都要付出很多努力，所以很少有人能够在各个领域中都成为权威。对历史了解很多的人，通常对数学了解不多，反之亦然。真正的全能型人才是极其罕见的。尽管如此，即使一些权威人士的专业知识仅限于某个特定的主题，他们也常常认为自己对其他主题的了解比他实际了解的更多。在某一领域的成功，会滋生其对其他领域的过度自信。

最明显的例子是，运动员为汽车或其他商业产品代言，而这些产品与他们所从事和擅长的运动毫无关系。体坛健将以及演员、商业领袖和军事英雄也经常为政治候选人背书，即使没有什么依据可以假设这些在各自领域的专家，比其他人都更了解政治候选人或政策的时候，也是如此。

法律上也会出现类似的问题。精神病学家和临床心理学家在诊断和治疗精神疾病方面受过训练，但律师有时会请他们预测被告未来犯罪的可能。他们是这方面的权威吗？不是，他们自己的专业机构表示："从对于研究的解读来看，对危险行为所做的心理学预测，至少在我们考虑的判刑与释放的情况下，其有效性极差，以至人们可以根据严格的经验性理由，来反对使用这些预测，因为心理学家在专业上不具备做出这种判断的能力。"[6]简而言之，精神病诊断和治疗方面的权威，并不是预测犯罪行为的权威。因此，诉诸他们的权威，以此作为法律判决的依据是谬误的。要发现和避免这种谬误，可以通过询问所援引的权威是不是相关领域的权威。

我们应该问的第四个问题是："在这个议题上，相关专家之间是否意见一致？"当然，如果没有多名相关专家，达成共识也就无从说起。有些议题是无法通过专家意见来解决的。现在没有一个专家组能够确定火星上是否有生命。他们需要比我们现在掌握的更多证据。也没有一个专家组能够确定哪种鱼的味道最好。这不是一个可以最终解决的议题。我们可以通过询问这是不是当下可以通过专家的共识来解决的问题，来确定在这个方面是否有专业知识上的缺陷。

如果是这样，接下来我们可以问，专家们是否已经达成了共识。当然，并不需要全体专家都达成一致意见。总会有少数人持反对意见，但当几乎所有专家都同意时，证据仍然是有力的。医生们已经达成共识，吸烟会导致癌症。当然，专家们有证据支持这一主张，但很少有非专家了解相关研究的全部或多数细节，正是这些研究使专家们相信吸烟会导致癌症。这就是为什么我们需要依靠专家权威。如果非专家表示："医生们一致认为吸烟会导致癌症，所以这足以让我相信吸烟会导致癌症。"要是坚持让非专家告诉我们，医生们究竟是如何达成共识的，那就没什么意义了。对非专家来说，只要知道专家们确实达成了共识就够了。

在某些情况下，合适的专家仅仅是一名证人。关于政府官员是否与外国间谍联系的事情，所涉专家会包括看到他们见面或听到他们谈话的证人。那么，要想让专家之间达成共识，只需要让一名证人确证另一名证人所说的话即可。只要他们共同的叙述没有被其他可靠的消息来源否认，这种确证就可以减少错误的机会，并证明这种观点是合理的。这就是大多数好的新闻记者都是在得到多个独立消息来源的确证后，才发出报道的原因。

第五个问题可以问，诉诸权威者有何动机。"为什么要诉诸权威？"当一个主张显而易见的时候，我们可以只是简单地坚持这个主张，也许还可以说它非常显而易见。那么我们就不需要再补充对任何权威的诉求。如果论证称，"大多数数学家都同意 2+2=4，所以这必然为真"，那么这个论证就毫无意义了。因此，当有人确实诉诸权威时，他们之所以通常这么做，是因为他们知道自己的主张并不显而易见为真，至少对非专家来说是如此。他们的诉求表明，他们知道自己的听众可能会合理地提出质疑，所以他们援引权威以阻止这些问题。那么，对此最好的回应，就是提出他们试图让你不要问的那些问题。

要了解这五个问题是如何共同发挥作用的，让我们把这一系列问题应用于科学领域。许多人认为科学不依赖于任何权威。在他们看来，宗教和法律依赖于权威，但科学纯粹是通过观察和实验来运作的。这是不正确的。几乎每篇科学论文都会援引许多以前解决过其他问题的权威，以便让这篇文章可以在这些前人的基础上解决一个新的问题。有史以来最伟大的一位科学家艾萨克·牛顿爵士（Sir Isaac Newton）曾说，他是站在巨人的肩膀上，他所指的就是过去的权威。

　　科学家怎么证明他们所信任的其他科学家是权威呢？毕竟，科学家也是人，所以他们和我们其他人一样，也很容易犯错。不同的是，科学家个体在更大的团体和机构中工作，而设立这些团体和机构的目的就是为了提高可靠性。科学有一个有助于提高可靠性的特点，即坚持由独立的科学家或实验室重复他人的实验结果。当实验结果受到个人动机和错误的扭曲时，独立的重复实验是不可能的。科学还有另一个有助于提高可靠性的特点是竞争。当一位科学家发表一项新发现时，其他科学家有强烈的动机去反驳该发现。在这么多聪明人努力寻找错误的情况下，只有最好的理论才能留存下来。我们有理由信任在这样的过程中留存下来的任何观点。[7]当然，许多科学理论已经被推翻，现今的大多数科学理论可能在未来也会被推翻。尽管如此，我们仍然有理由信任现有的最佳理论和数据。

　　最近一个重要的例子是政府间气候变化专门委员会（Intergovernmental Panel on Climate Change，简称IPCC），该委员会由来自世界各地的数百名顶级气候科学家组成。[8]这个庞大而多元化的小组经过长期而艰苦的努力，在气候变化的许多方面都达成了共识，尽管远非所有问题都如此。假设有人诉诸政府间气候变化专门委员会这个权威，认为排放温室气体的人类活动至少造成了一些气候变化。这种诉诸权威是一个强有力的论证吗？为了评估这个论证，我们需要提出我们的问题。

第一，论证者是否正确援引了权威的意思？有些环保人士没有援引政府间气候变化专门委员会报告中的限定性条件。这种遗漏可能会扭曲他们的论证，所以我们需要仔细核查。不过，政府间气候变化专门委员会报告中的许多段落，确实可以证明他们所得出的结论，即人类排放的气体造成了一些气候变化。

第二，能否信任被援引的权威所说的是实话？这个问题问的是，政府间气候变化专门委员会的科学家是否有夸大气候变化程度的动机。如果有，我们就有一定的理由不信任他们。然而，政府间气候变化专门委员会的成员有动机去发现其中的错误，因为如果出现纰漏，他们的声誉会受到影响。要想象这么多不同的科学家之间存在一个阴谋，那就太牵强了。

第三，所援引的权威是否确实是相关领域的权威？在这里，我们需要核查政府间气候变化专门委员会成员的资历和专业领域，但之所以选择他们，就是因为他们的专业与此相关。

第四，相关专家在这个议题上是否达成了共识？政府间气候变化专门委员会并没有在每一个问题上都达成共识，仍有一些持不同意见的人处于主流之外。尽管如此，将政府间气候变化专门委员会内如此众多的专家聚集在一起，其目的是确定他们确实认同哪些主张，然后让他们签署联合报告，这些报告主要就是他们的共识观点。

第五，为什么要诉诸权威？因为如果不进行广泛的研究，气候变化的未来和原因就不会清楚，也因为减少气候变化的提议，有可能迫使许多人付出严重代价。这个议题很重要，所以我们需要非常谨慎。

在提出这些问题后，准确地诉诸政府间气候变化专门委员会这个权威，最终看起来非常好，所以我们确实有强有力的理由相信，人类活动所排放的温室气体加剧了气候变化。这种评估并不意味着政府间气候变化专门委员会没有问题。没有什么东西是完美的。问题的关键在于，这个机构和整个科学领域一样，是可以自我修正的。政府间气候变化专门委员会仍然可能是错误的，未来的证据可能会削弱其主张。这是所有归纳论证都会有的风险。但是，归纳论证在没有确定性的情况下也可以很强，因此，政府间气候变化专门委员会的报告可以让我们有充分的理由相信，至少有一些气候变化是人类活动造成的。

虽然如此，这个科学结论本身并不能解决如何应对气候变化或全球变暖的政策问题。政府间气候变化专门委员会不仅在气候变化的未来和原因方面被视为权威，而且在政府应该如何应对气候变化方面也经常被作为权威而援引。为了评估这些不同的诉诸权威论证，我们应该关注这样一个问题："所援引的权威是否确实是相关领域的权威？"我建议对此给予否定的回答，因为气候科学家是科学专家而不是政府政策专家。一位了解减少温室气体排放会减缓全球变暖的气候科学家，可能仍然不具备专业知识，无法知道碳排放税（carbon taxes）或碳排放的总量管制与交易政策是否或在多大程度上能成功减少温室气体排放，这些政策是否或在多大程度上会减缓经济增长，以及这些政策在政治上是否可行，或是否会违反现行法律。为了解决这些不同领域的问题，我们需要来自科学界之外的专家。因此，我们的问题不仅可以说明科学的优势，也可以说明科学的局限。

当然，这些问题并非万无一失。当对手问到专家之间是否达成共识，问到某个消息来源是否是相关领域的权威，是否可以信任权威所说的是真话时，他们往往会给出截然不同的答案。这些持续不断的争议表明，我们不应该仅仅自己提出这些问题，还应该请其他人提出这些问题。我们也不应该只是简单地问那些同意我们的盟友，还应该去问我们的对手。我们不仅要问他们谁才是真正值得信任的权威，还要问他们为什么要信任他们所信任的权威。对于任何诉诸权威论证，我们都需要问出支持该论证的理由，至少在有争议的领域如此。这个例子再次表明了，为什么我们需要学会提出正确的问题，包括关于理由的问题。

我们有什么进展吗？

不考虑论证的前提，第三类谬误不会取得任何进展。从逻辑上说，当一个论证的前提需要被证明，但不依赖或假设其结论就无法得到证明时，就会出现乞题（beg the question）。这个概念的表面意思与我们的日常用语看上去相差无几，比如，"我的血糖水平很高，这就引出问题（beg the question），即为什么我还在吃蛋糕"。这里的"引出问题"是指"提出问题"（raise the question）。同样，当一个论证引出了一个问题——如果我们怀疑该论证的结论，为什么还要相信其前提，那么这个论证就可以被称为乞题。

这里有一个常见的例子："死刑是不道德的，因为杀人永远是错误的。"从定义上来看，死刑涉及杀人，所以这个论证在我们的逻辑意义上是有效的。当其结论为假时，其前提不可能为真，因为如果所有形式的杀人都是不道德的，那么死刑一定是不道德的。尽管这个论证是有效的，但是这个论证却不能证明任何东西，因为如果不事先假定其结论，即在死刑这个特殊情况下杀人是错误的，那么就没有办法证明其前提，即杀人永远是错误的。死刑可能是一个例外，可以说明为什么不是所有杀人都是错误的，因为真正错误的是杀害无辜的人。该论证的辩护者需要在不事先假定其结论的情况下，证明其前提是合理的，但他们在上述简单的论证中并没有做到这一点，而且很难看出他们如何能够独立于其结论，来证明其前提是合理的。[9] 这样一来，这个论证从一开始就已经假定了其结论，所以该论证没有取得任何进展。

论证的另一方也可能犯同样的谬误，就像这个论证："死刑是道德的，因为我们应该以命偿命。"同样，我们应该以命偿命这个前提已经假定了死刑是道德的，因为犯了谋杀罪而被判死刑就是以命偿命。因此，这个论证不能证明其结论是合理的，因为其前提需要被证明，要是不事先假定其结论，就不能证明其前提。

以下是另一个声名狼藉的例子："《圣经》说上帝存在。《圣经》

是神的话语 [正如《圣经·提摩太后书》(3:16) 所说]。神不会说不真实的话。因此，神是真正存在的。""《圣经》是神的话语"这个前提在两方面引出了问题。第一，一个所谓的存在者如果不存在，就不可能说任何话，所以这个前提已经假定了上帝存在的结论。第二，《提摩太后书》(3:16) 是《圣经》的一部分，所以援引这节经文，作为《圣经》是神的话语的证据，也是乞题。什么样的论证能够让我们有理由相信《圣经》中关于它自己的内容呢？

一些反对宗教的人也犯了同样的谬误，他们这样论证："这位演化生物学家说，演化论是真实的。演化生物学家不会说关于演化的假话。因此，演化论是真的。"第二个前提就是乞题论证，因为它假定了演化论是真的这个结论。如果演化论不是真的，那么演化生物学家在说演化论是真的（如前提 1 所称）时，也会说一些关于演化的假话（与前提 2 相反）。因此，这种对演化生物学家的简单诉诸，就像前文对《圣经》的宗教诉诸一样，不能证明其结论是合理的。科学家和神学家一样，都需要独立地证明其理论是合理的。关键的问题是，究竟谁能够证明这些理论是合理的。

一如既往，对论证的这种批评，并不意味着这些论证中任何一组论证的结论为真或为假。相反，问题的关键在于，这个议题不能用这样的论证来解决，因为这些论证是乞题论证。我们需要的是一些其他论证。是否可能有更好的论证尚有争议，但认识到哪些论证是行不通的，这就是一个重大的进步。

就这些吗？

这是否已经涵盖了人们会犯的所有谬误？当然没有。还有很多谬误。有些属于我们讨论过的那些模式。起源谬误（genetic fallacies）、诉诸无知（appeal to ignorance）和诉诸伪善（*tu quoque* 或 appeal to hypocrisy）这些都类似于诉诸人身论证。诉诸情感（appeal to emotion）、诉诸个人经验（appeal to personal experience）、诉诸传统（appeal to tradition）和诉诸民意（appeal to popular opinion）都类似于诉诸权威论证。虚假二分（false dichotomy）有时类似于乞题。对于这些其他的论证，我们可以通过将它们与类似的谬误进行比较来理解。还有一些谬误形成了新的模式，如赌徒谬误（gambler's fallacy）、合成谬误与分解谬误（fallacies of composition and division）、虚假原因谬误（false cause）等。有些书籍和网站列出了数百种谬误。[10] 我们在此不一一列出，因为长长的清单非常无聊。

标准清单中所谓的"谬误"并不总是有谬误的。我们在前文看到，滑坡论证和诉诸权威有时会提供强有力的理由。由于这种潜在的可能，如果将一般类型的论证只是简单地称为谬误，就会具有误导性。

同样的观点也适用于诉诸情感，因为情感往往被认为是谬误的，而且与理性相对立。当有人描述难民的痛苦和疲惫，以及他们对难民的共情、对难民待遇的反感时，这些情感可以为帮助难民提供很好的理由，因为这些情感指向了苦难和不公正。

如果这些情感是非理性的，就说明不了什么，但正常的情感有时可以成为可靠的向导，就像权威人士一样。我们可以通过问一些问题来决定什么时候能够信任情感，这些问题就像我们对诉诸权威所问的问题一样。为什么我现在会有这种情感？我的情感是否被自我利益或不相关的动机所扭曲？其他人在类似情况下，是否也有这种情感？这种情感是否可靠地反映了世界上发生的相关事实（如苦难和不公正）？我们在诉诸情感时需要谨慎，就像我们在诉诸权威时需要谨慎一样，但有些诉诸情感并不是谬误的。

更一般地说，我们不应过快地指责反对者存在谬误。他们不是在每次批评他人时，就犯了诉诸人身谬误。他们不是在每次使用一个稍不准确的词语（所有的词都是如此）时，就犯了滑坡谬误。他们不是在每次指出自己的观点与传统一致时，就犯了诉诸传统谬误。当对谬误的指责，成为不假思索的本能反应时，这些说法就不再具有启发性，而且变得令人讨厌和走向了两极化。这种谩骂并没有比只是简单地宣称"我不同意"好出多少。

与其用谬误的名称来辱骂对手，我们不如仔细而善意地审视每一个论证。特别是，我们应该经常询问，那些看似谬误的东西，是否可以通过补充一个隐藏前提来改善。例如，假设有人表示，某政府雇员绝对没有在其私人服务器上泄露机密信息，因为我们在该服务器上找不到任何具体的电子邮件泄露了任何机密信息。或者假设有人认为，某政治候选人没有与敌人勾结，因为我们无法证明他真的勾结过敌人。在这两种情况下，批评者都可以反驳称："这是诉诸无知！这是一个谬误！"这种标签不会帮助任何人理解当下的议题。如果问一下这个论证是否假设了一个隐藏前提，那就会更有建设性了。事实的确如此："如果他真的做了某事，我们会知道的（或至少存在我们当下缺乏的那种证据）。"这种隐藏前提在某些情况下为真——如果我儿子昨晚撞坏了我的车，我可能会看到车上有凹痕。但同样的隐藏前提在其他情况下为假——如果我的儿子很晚才回家，我会知道的（然而我当时睡得很香）。那么，在每一个诉诸无知的例子中，我们都需要问一下隐藏前提是否为真——如果一封邮件确实泄露了机密信息，我们会发现它吗？如果候选人确实勾结敌人，我们会知道吗？为了避免谩骂，并且弄清楚一个论证到底有多强，我们需要尽可能善意地重构论证，然后再问该论证的最佳形式究竟有多强。

当然，有些论证最终还是会出现谬误。我们的确不应过快地指责，但我们也不应过慢地指出论证中的谬误和弱点。此外，我们需要有能力发现和解释论证中的缺陷，即使我们不知道这些缺陷的名称。下一章将教给大家这种技能。

1. 出自 *Squad Helps Dog Bite Victim and Other Flubs from the Nation's Press*, edited by Columbia Journalism Review (Garden City, New York: Doubleday, 1980)。

2. 出自 Matthew H. Hurley, Daniel C. Dennett, and Reginald B. Adams, Jr., *Inside Jokes: Using Humor to Reverse-Engineer the Mind* (Cambridge,MA: MIT Press, 2011)。

3. Roy Sorensen, "Vagueness", in Edward N. Zalta (ed.), *The Stanford Encyclopedia of Philosophy* (Winter 2016 edition), https://plato.stanford.edu/entries/vagueness/

4. "Torture Memos", Wikipedia, https://en.wikipedia.org/wiki/Torture_Memos

5. Jeffrey Hart, "Protesters are 'Ugly, Stupid'", *King Features*.

6. American Psychological Association, "Report of the Task Force on the Role of Psychology in the Criminal Justice System", *American Psychologist*,33 (1978), pp.1099–1113. https://www.ncjrs.gov/App/abstractdb/AbstractDBDetails.aspx?id=62100. 这个基本观点自该报告发表以来没有太大变化。

7. 见 Miriam Solomon, *Social Empiricism*(Cambridge, MA: MIT Press, 2007)。

8. "International Panel on Climate Change", Wikipedia, https://en.wikipedia.org/wiki/Intergovernmental_Panel_on_Climate_Change

9. 这一点似乎表明，任何从普遍前提出发的有效论证都是乞题论证，但事实并非如此，见拙文 Walter Sinnott-Armstrong, "Begging the Question", *Australasian Journal of Philosophy*, 77, 2 (1999), pp. 174-191。

10. 例如，Gary N. Curtis, "The Fallacy Files", http://www.fallacyfiles.org 以及 Don Lindsay, "A List of Fallacious Arguments" (2013), http://www.don-lindsay-archive.org/skeptic/arguments.html。

第十一章
如何反驳论证

很多人都说，似乎你想要反驳一个立场，只需简单地否定它，或者随便给出一个回应。这样说话太不严密了。巨蟒剧团曾教导过我们："论证不只是矛盾"或者否定。即使你超出了否定的范畴，说了一些回应的话，也不是每一个回应都算得上反驳。

例如，假设一个有神论者认为："上帝存在，因为没有任何其他东西能够解释宇宙的存在。"无神论者则不能只是简单地以"不，上帝不存在"或"我不相信上帝"或"那是愚蠢的"等来反驳这个论证。对方也是如此。如果一个无神论者认为："魔鬼存在，所以上帝不存在。"有神论者不能只是简单地以"上帝确实存在"或"我相信上帝"或"那是愚蠢的"等来反驳这个论证。这些简单的回应并不是反驳。

为了反驳一个论证，你需要给出充分的理由来怀疑该论证。我们看到，有些论证给出理由是为了证明其结论中的信念，而其他论证给出理由是在解释现象。相反，反驳给出理由则是要怀疑其他论证。因此，反驳是论证在证明和解释之外的一个新目的。

反驳所提供的理由，是质疑的理由而不是相信的理由。为了反驳有神论者关于上帝存在的论证，无神论者不必证明上帝是不存在的。无神论者所需要的只是一个充分的理由，来怀疑该有神论者的论证，是否有足够的理由来相信上帝确实存在。同样，有神论者也可以反驳无神论者反对上帝的论证，而不需要给出任何理由来相信上帝确实存在。有神论者所需要的只是一个充分的理由，来怀疑无神论者的论证，是否真的能表明上帝不存在。反驳会在双方的立场上都导致怀疑和信仰的暂时搁置。

许多反驳论证的人确实会继续否定这些论证的结论。这种额外的行为，部分是由于承认"我不知道"所造成的不适感。许多反驳关于上帝存在论证的无神论者，得出了上帝不存在的结论，部分原因是他们不想最终成为一个优柔寡断的不可知论者。出于类似的原因，许多反驳反对上帝存在论证的有神论者，也会直接跳到上帝存在的结论。然而，这种额外的主张并不仅仅是从反驳中产生的。反驳本身所支持的只是怀疑，而不是信念。

怀疑一个论证是什么意思？简单地说，就是怀疑该论证是否有足够的理由来使人相信其结论。这种怀疑可以针对论证的不同部分。根据我们对论证的定义，一个论证包括前提和结论，并且提出前提作为支持结论的理由，所以反驳的目标主要有三个。第一，反驳可以给出理由来怀疑一个或多个前提。第二，反驳可以给出理由来怀疑结论。第三，反驳可以给出理由，来怀疑前提是否为结论提供了充分的支持。我们将依次考察这些反驳的形式。

例外是否证明了惯例？

反驳一个论证的第一种方法是怀疑其前提。要做到这一点，要么给出一些理由让人相信前提为假，要么从前提最有力的论证中找出一些谬误。我们在这里将重点讨论一种常见的反驳前提的方法，即提供反例（counter-examples）。

假设一个企业主认为："更高的税率总是减少就业，所以我们需要保持低税率。"对这个论证提出怀疑的一个方法是给出一个理由，来怀疑或否认其前提，即更高的税率总是减少就业。做到这点很容易。只要指出存在一个税率提高到很高的水平，而就业率却没有下降的例子就可以了。这个反例就足以说明，更高的税率并不总是减少就业。

但这种反驳是否有力？如果对方能够轻松回应，那么就不很有力。要想回应反驳，论证者只需要一个保护用语就可以了："好吧，所以更高的税率并不总是减少就业。不过，它们通常还是会减少就业——几乎总是如此。"单单一个反例不能使人对这个受到保护的前提产生怀疑。论证者可以宣称，这个反例只是证明了惯例的例外，因为例外本身的特征表明，惯例在正常情况下都是成立的（不同于"例外检验惯例"这句话的本意）。

　　然而，这个回应并不是讨论的终点。一旦论证者承认存在例外，就会引出一个问题，即所讨论的情况究竟是更像惯例还是更像例外。如果我们要确定"我们需要保持低税率"这句话究竟对不对（如结论所称），那么我们就需要弄清楚，目前的情况究竟是更像税率提高而就业不减少的例外时期，还是更像税率提高而就业减少的普遍时期。仅仅举出一个反例，然后就停止思考是不够的。这个进一步的问题不容易解决，但也不应该忽视。

　　每个反例都是如此。许多宗教和文化传统都支持类似的指导原则："你想人家怎样待你，你也要怎样待人"[《圣经·马太福音》(7:12)]。对于这个受人尊敬的原则，很容易想出其反例。法官判决杀人犯入狱并没有错，即使法官自己也不愿意被判刑入狱。施虐受虐狂鞭打他人是不对的，即使他们自己也想被鞭打。

　　诸如此类的例子让人对那些指导原则产生了怀疑，但其辩护者又该如何回应呢？关于施虐受虐狂显而易见的观点是，他们的受害者一般不会同意被鞭打，而施虐受虐狂只有在自己同意的方式和时机下，才会想被鞭打。因此，如果我们只将指导原则适用于未经同意的鞭打行为中，那么这条原则仍然成立。没有人想成为鞭打行为的对象。

　　在另一个反例中，法官不愿意被判刑入狱，即使他因犯罪而应该被判刑。然而，法官大概会承认，在这种情况下惩罚他是公平的。如果是这样，我们可以通过重新表述这样的指导原则来避免这个反例："别人怎样公平地对待你，你就怎样公平地待人"。那么，这时什么是错的，就取决于什么是公平的，而不是你刚好喜欢的东西。问题是，在没有事先确定什么是公平的情况下，这种对指导原则的重新表述并不适用于这些例子。这就很难看出这个原则如何能够作为基本道德原则发挥作用了。

当一个反例对一个论证所依赖的前提产生怀疑时，该反例就会让人怀疑该论证是否为其结论提供了充分的理由。毕竟，如果前提为假，论证就不能成立。这就是关于前提的反例可以反驳论证的原因。尽管如此，结论仍然可能为真。而且，如果能以一种避免反例的方式重新表述论证，并仍能为结论提供足够有力的理由，那么这个论证仍然可能成立。因此，这种形式的反驳与其他所有形式的反驳一样，都是非决定性的。这种反驳推动了讨论的发展，而不是结束了讨论。

这种荒谬是用稻草做的吗？

反驳一个论证的第二种方法是怀疑其结论。如果反驳表明一个结论为假，那么支持这个结论的论证一定有问题。至少该论证不可能是合理的。这种反驳可能不会具体揭示出论证的问题所在，但它仍然可以表明论证的某个地方存在问题。就好比如果我们最后把车开进了沟里，我们就能知道曾在某个地方走错了路。

这种类型的反驳中最强有力的是归谬法（*reductio ad absurdum*）——这种方法将结论归纳得很荒谬。最明显的荒谬是彻底的矛盾。如果有人给出理由让他人相信中国拥有最大的人口数量，其对手可以回答说："这太荒谬了。只要稍微等一等，该国就会有更多的人。如果中国多了一个人，那么其人口数量就会更大，所以中国过去的人口数量不可能是最大的数量。"这与声称任何数字都是最大的数字是相矛盾的。

这种归谬法显然是建立在曲解的基础之上的。论证者的意思并不是说中国的人口数量是所有数字中最大的，而只是说中国的人口数量比其他国家都多。当反驳者为了让一个说法看起来很荒谬，从而曲解了这个主张，尽管这个主张在正确的解释下并不真的荒谬，那么这个论证就相当于在攻击一个稻草人。对这个伎俩最好的回应就是只说："我不是这个意思。"

真实的案例通常更加微妙。2017 年 6 月，以色列议会的一名议员推动了一项法案，要求所有教授给予同等时间，讨论任何学生希望讨论的任何立场。这个法案的目标是要让持保守主义立场的学生能够要求他们持自由主义立场的教授在有争议的议题上考虑到保守主义者的立场，这样学生就不会被洗脑，从而走向自由主义。这个目标看似合理，但该法案很快就会导致荒谬出现。

试想一下，在一门神经科学的课上，教授强调海马体在记忆中的作用。一个学生说，相反地，记忆可能停留在颞极。另一个学生说，可能是在扣带回。第三个学生说是在纹状体。以此类推，记忆有可能在大脑的每一个部分。这项被提出的法案，要求教授对所有这些可能都给予同等时间。这将很荒谬，理由有二。第一，几乎没有证据表明记忆与大脑的其他部分有关，那么教授应该讨论什么呢？第二，每堂课的每一分钟都要讨论所有这些可能，课程就永远无法进展到神经科学的其他主题了。这些荒谬之处，可以被援引来驳斥任何类似的论证："每个学生的意见都应该得到平等的考虑，所以教授应该给予同等时间，讨论任何学生希望讨论的任何立场。"

这个反驳是否攻击了一个稻草人？这一点并不清楚。一方面，法案的拥护者可能考虑的是政治立场，而不是神经科学。如果是这样，这些法案倡导者或许可以在某种程度上，将法案限制于政治议题，以此来避免荒谬。另一方面，人们并不总是分得清究竟哪些议题是政治议题，所以法案的支持者可能想纳入历史和科学中具有政治立场争议的辩论，比如全球变暖、生命和地球的起源、酷刑的效力、某些战争的起因等。如果法案也涵盖了所有这些问题，那么任何学生只要鼓吹无穷无尽的其他观点，这些观点又没有任何可取之处（除了学生想逃避即将到来的考试），这样学生就可以阻止教授讨论其中的任何议题。这种威胁表明，法案将有效阻止教授们讨论其范围内的任何话题。这是不是很荒谬？我认为的确是这样，但也许只因为我是一名教授。如果这种结果正是法案支持者想要的，那么他们可能不会认为这很荒谬。

从这个例子中得到的一个教训是，荒谬有时是从旁观者的角度看到的。在完全矛盾的情况下并非如此，但在真实的情况下往往就是这样。这是否意味着归谬法不能驳斥任何真实的论证呢？不是，但这确实揭示了这些反驳只对有限的听众有效。

这种反驳无法对那些极端分子起作用，他们认为教授不应该讨论任何有争议的议题。尽管如此，对于那些温和派来说，这种反驳仍然可以起作用，他们认为教授应该可以讨论有争议的议题的其他主要立场，却没必要花同样的时间，讨论任何学生出于任何理由提出的每一种可能。这个例子加强了我前文的观点，即论证永远不会让标准过高的人满意，比如，那些追求确定性的人，但对于目标合理的人来说，论证还是非常有用的，比如，向讲道理的、思想开放的温和派证明论证的结论。

什么是"这就好比说……"？

反驳一个论证的第三种方法是给出理由，来怀疑前提是否为结论提供了充分的支持。这种反驳方式针对的是前提和结论之间关系的缺陷，而不是前提或结论本身。

我们在讨论谬误时看到过一些例子。当一个词在结论中的含义与它在前提中的含义不同时，就会出现语义歧义。诉诸人身论证和诉诸权威论证利用了关于相信某观念的人的前提，来支持关于该观念的结论。而当论证的前提不独立于其结论时——也就是说，当前提和结论关系过于紧密时，论证就会变成乞题。

在其他不符合标准谬误模式的论证中，前提和结论之间的关系也可能存在缺陷。我们如何判断这种关系是否存在缺陷呢？最直接的方法是仔细观察论证本身，评估其有效性（如果该论证是演绎的）或其强度（如果该论证是归纳的）。回想一下，归纳强度是指既定前提下结论的条件概率。这个概率往往很难计算，甚至很难估计，所以这种方法有其局限性。

另一种方法没那么直接，但有时更容易应用——试着构建一个平行论证（parallel argument），新的论证反映了被评估论证的形式，并且有明显为真的前提和明显为假的结论。如果对手承认前提为真而结论为假，那么这个平行论证就可以揭示出，被评估论证中的前提和结论之间的关系存在一些缺陷。换句话说，当有人给出一个论证时，批评者会回应道："这就好比我这个类似的论证一样。"在这种情况下，平行论证能够显示出明显的缺陷。那么，只有证明原论证不存在同样的缺陷，才能为其辩护。

马丁·路德·金在他的《来自伯明翰监狱的信》（"Letter from Birmingham Jail"）中就运用了这一策略。他曾因支持种族平等和民权的游行而入狱。他的监狱看守和批评者认为，他不应该游行，因为这次抗议会激发其反对者暴力攻击他及其他游行者。金回答说："你在陈述中断言，我们的行动即使是和平的，也必须受到谴责，因为它们会引发暴力。但这个论断在逻辑上能成立吗？这不就好比谴责被抢劫的人，难道因为他拥有钱财，就会引发抢劫的恶行吗？"在这个例子中，金的批评者认为，游行者引发了暴力，所以他们必须受到谴责。而金回应道，这就好比说，被抢劫的人因为拥有钱财而引发了抢劫，所以被抢劫的人必须受到谴责一样。

这是一个很有力的回应吧？但到底是怎么回事呢？金并没有否认游行者引发暴力这一前提的真实性。他们确实如此。金也不认为这个结论为假。这一点不能通过把话题换成抢劫来得到证明。事实上，金的回应可能显得无关紧要。谈论抢劫怎么能说明关于游行的事情呢？关键在于论证的形式。因为这两个论证有着相似的形式，如果一个在形式上存在缺陷，另一个也会存在缺陷。关于抢劫的这个平行论证，应该是从为真的前提出发，即被抢劫的人拥有钱财引发了抢劫，再到为假的结论，即被抢劫的人应受谴责。这个推理过程表明，在关于抢劫的论证中，前提与结论的关系一定存在某种缺陷。如果关于游行的论证与关于抢劫的论证具有相同的形式、前提和结论之间也具有相同的关系，那么关于游行的论证的前提和结论之间的关系也一定存在缺陷。

这个回答并未试图表明关于游行的论证的结论为假。游行者应该受到谴责，这一点可能仍然是真的。金所表明的是，这个论证不足以支持其结论。他对一个论证提出了怀疑，却没有给出与其相反的论证。而且，他只提出了一些疑问。他并没有无懈可击地证明这个论证是不成立的。他的批评者仍有几招可以应对。

第一，金的批评者可以接受被抢劫的人应该受到谴责这个结论。如果这个结论为真，那么平行论证就没有明显的缺陷，所以这种反驳不能揭示出原论证的缺陷。但这种回应似乎不能令人信服。

第二，金的批评者可以否认被抢劫的人拥有钱财这个前提。如果被抢劫的人像大多数人一样把钱财藏了起来，那么劫匪就不知道这个人究竟有没有钱，所以即使被抢劫的人身上没有钱，劫匪也会抢劫这个人。既然拥有钱财并不是他被抢劫的必要条件，那么他拥有钱财可能不是导致或引发抢劫的原因。这个回应可能比较合理，但还是有问题。

第三，金的批评者可以指出所谓平行论证之间的差异。被抢劫的人不知道自己会被抢劫，但金却知道他的对手会进行暴力攻击。被抢劫的人大概是为了躲避抢劫而藏起了自己的钱财，而金却在公开场合游行，什么都没藏起来。他就是想引起广泛注意。

金不能否认所谓平行论证之间的这些差异，但他可以否认这些差异会造成的差别。一种检验究竟是什么造成了差异的方法，是给每个论证都添加前提。金的批评者可以回应说："好吧，我们说得太快了。但我们的主要观点仍然成立。游行者明知故犯，公开引发暴力，所以他们必须受到谴责。"要反驳这个修正后的论证，金需要说："这就好比说，被抢劫的人明知自己拥有钱财，并因此而公开引发抢劫，所以被抢劫的人必须受到谴责。"问题是，这个新的前提显然为假，所以这个新的论证并没有从为真的前提到为假的结论。因此，金给出的这个论证不能揭示出这个前提和这个结论之间的关系存在什么缺陷。

一如既往，这个讨论还可以继续下去。这里的重点只是，试图通过"这就好比说……"来反驳一个论证，只有在所谓的平行论证有为真的前提和为假的结论，而且只有在论证真的是平行的时，才会起作用。所有这些都需要被展现出来，反驳才会有效果。仅仅说"这就好比说……"是不够的，除非这样说真的像所说的那样……

当运用得当时，这种反驳方法可以被用来揭穿许多种谬误。下面是几个强度不同的例子：

合成谬误

论证：如果一个人的收入翻倍，他就会变得更富裕。所以，如果每个人的收入都翻倍，那么他们都会变得更富裕。

反驳：这就好比说，如果我在音乐会上站起来，我就会看得更清楚。所以，如果每个人在音乐会上都站起来，那么他们都会看得更清楚。

教训：对部分成立的事情，未必对整体成立。

分解谬误

论证：日本是一个有侵略性的国家，而你是日本人，所以你一定有侵略性。

反驳：这就好比说，日本是一个多山的国家，而你来自日本，所以你一定有像山一样的性格。

教训：对整体成立的事情，未必对局部成立。

虚假二分

论证：你不是跟我们一起就是跟我们作对，你还没有完全投入到我们的事业中，所以你一定是我们的敌人。

反驳：这就好比说，你要么支持斐济，要么反对斐济，而你还没有完全致力于斐济的建设，所以你一定是斐济的敌人。

教训：人可以保持中立，既不支持也不反对。

虚假对等（false equivalence）

论证：有一些论证支持采取这个政策，但也有一些论证反对这个政策，支持另一政策；所以双方都有道理，偏向于一方而忽视另一方是不合理的。

反驳：这就好比说，有一些论证支持跳楼（这多么刺激！），但也有一些论证反对跳楼（这多么致命！）；所以这两种选择都是合理的，偏向其中一方而忽视另一方是不合理的。

教训：并不是所有的论证和理由都是对等的。有的就是比其他的好。（当双方都有专家支持的时候，这一点也是一样的。）

诉诸无知

论证：你无法证明伊拉克有大规模杀伤性武器，所以伊拉克一定没有大规模杀伤性武器。

反驳：这就好比说，你无法证明这间屋子里有小蜘蛛，所以这间屋子里一定没有小蜘蛛。

教训：可能有很多事物我们都没有看到，因为即使这些事物存在，也很难发现它们。

虚假原因［或后此谬误（*post hoc ergo propter hoc*）］

论证：在他成为总统后，我们的经济得到了改善，所以他对我们的国家有很大帮助。

反驳：这就好比说，我女儿出生后，我们的经济得到了改善，所以她对我们的国家有很大帮助。

教训：时机可能只是巧合。更一般地说，相关性并不意味着因果关系。

这些反驳都是非决定性的。在每一个例子里，论证的辩护者都可以声称：(1) 反驳中的前提为假，(2) 反驳中的结论为真，或者 (3) 反驳中的论证与原论证并不真的平行，因为它们在某些相关方面有所不同。

这些反驳的尝试仍然将举证责任转移给了论证的辩护者，因此，即使是非决定性的反驳，也能取得进展。这些反驳不会结束讨论，但这也不是它们的目的。反驳的目的在于排除简单的错误，而且它们可以做到这一点。当论证者通过平行推理成功地为自己的论证进行了辩护，进而回应了反驳时，他们通常需要使自己的论证变得更复杂，并补充限定条件。反驳显示出，没有限定条件的原论证把议题过分简单化了。修正后的论证揭示出了原论证所忽略的复杂和微妙之处。因此，反驳可以改善讨论，但不至结束讨论。

生活的准则

现在，对于我们为什么需要论证、什么是论证、如何分析论证、如何评价论证以及如何识别谬误等，你已经有所了解。那么接下来呢？

第一，承认自己的局限。这本简短的小书几乎只是触及了表面。你已经看到了一些论证的目的，一些论证中的词语，一些有效的论证形式，一些归纳，以及一些谬误。这涵盖了很大的范围，但请不要以为自己知道了所有的东西。没有人能够知道一切。

第二，要多学习。要想充分理解论证和理由，需要花一辈子的时间。除了探索更多种类的论证，[1] 我们都需要更多地了解语言（我们共同的交流方式）、科学（包括心理学和经济学）、数学（尤其是统计学和概率）以及哲学（探讨我们的基本假设和价值观）。需要研究的东西还有很多。

第三，继续练习。要想学会如何识别、分析、评价、避免论证和理由中的谬误，唯一有效的方法就是练习、练习、再练习。最好的练习方式是和别人一起练习，而最好的练习对象是那些与你意见相左，但真诚地希望理解你也希望被你理解的人。如果你能找到这样的伙伴，你是幸运的。请珍惜他们，用好他们。

第四，构建自己的论证。当你想思考一个重要议题时，要在这个问题的正反两边都构建出最佳论证。（例如，如果你要做出决定是买一辆较大的车还是较小的车，就把双方的理由都说清楚，比如，较大的车更舒适，较小的车对环境的影响更小。而如果你可以在一次选举中投票，则要具体说明支持和反对每个候选人的理由，比如，更关注对你很重要的议题，或者做事能力不足。）在以推论形式（discursive form）列出理由后，要对自己的论证进行细致分析和深度分析，并且评估其有效性和强度。如果你老老实实地做到这件事，你就会对自己的信念、价值观以及自身，有更深入的了解。然后请一位朋友、同事或对手来分析和评价你的论证，并用同样的方式对待对方的论证。这种交流会帮助你们双方更好地理解彼此。

第五，运用你的技能。什么时候呢？在你的日常生活中，包括网络聊天、政治辩论以及其他两极化和无礼行为猖獗的场合。不要只是简单地宣称你所相信的东西，要给出支持的论证。不要让别人仅仅只宣布他们的立场，要询问他们的理由。不要打断别人，要仔细倾听他们的回答。不要过早攻击对手，要善意地解释他们的看法。不要侮辱或辱骂对手，要有礼貌并且尊重对手。不要犯下谬误，要对自己的推理进行批判。不要认为你拥有了所有的答案，要保持谦逊。

第六，把这些教给其他人。你所学的技能还没有被足够广泛地分享，所以要广泛分享它们。一种方法是对于论证进行明确训练或长时间讨论，但这不是唯一的方法。私底下，你也可以通过简单地指出问题，来教别人。当一个人打断另一个人的话时，你可以问被打断的人："在被打断之前，你在说什么？"当有人称对手为疯子或笨蛋时，你可以说："我不认为你是疯子。我想理解你的观点。"当演讲者给出一个不好的论证时，你可以准确地指出其不好之处；当他们给出一个好的论证时，你可以说它为什么好。我们常常让这样的教学机会悄悄溜走。

我们不可能总是遵循这些准则。在每个问题上，练习或构建论证并仔细倾听，需要花太多的时间。没有人有那么多的耐心或时间。此外，不是每一种情况都适合教学，也不是每一个听众都愿意听从、学习。即使是无礼的行为有时也可以被证明是合理的。尽管如此，我们都可以从遵守这些准则中收获比现在这样更多的益处。所以，让我们开始吧。

1. 更多关于论证的课程，见 Sinnott-Armstrong and Robert Fogelin, *Understanding Arguments: An Introduction to Informal Logic* , 9th edn (Stamford, CT: Cengage Advantage Books, 2014)，以及我和拉姆·内塔的慕课，即 Coursera 平台上的"理性思考的艺术"课程。

致　谢

　　我感谢多年来与我辩论过的每一个人。我从你们身上学到了很多东西。我从罗伯特·福格林（Robert Fogelin）那里学到的最多。我无法奢望能有一个比他更具启发性的导师、合作者和朋友。我也感谢艾迪生·梅里曼（Addison Merryman）对我研究的协助，以及我的编辑们——企鹅出版社（Penguin Press）的卡西亚纳·艾奥尼塔（Casiana Ionita）和牛津大学出版社（Oxford University Press）的彼得·奥林（Peter Ohlin），我要感谢他们的鼓励和详尽的建议。关于本书中的主题，我与勒达·科斯米德斯（Leda Cosmides）、莫莉·克罗基特（Molly Crockett）、亚历克萨·迪特里希（Alexa Dietrich）、迈克·加扎尼加（Mike Gazzaniga）、尚托·艾扬格（Shanto Iyengar）、罗恩·卡西米尔（Ron Kassimir）、迈克尔·林奇（Michael Lynch）、黛安娜·穆茨（Diana Mutz）、纳特·佩尔西利（Nate Persily）、利兹·菲尔普斯（Liz Phelps）、史蒂文·斯洛曼

(Steven Sloman)、约翰·托比（John Tooby）和勒内·韦伯（Rene Weber）等人进行了讨论，并从中受益匪浅。我要感谢阿伦·安塞尔（Aaron Ancell）、艾丽斯·阿姆斯特朗（Alice Armstrong）、埃斯科·布鲁梅尔（Esko Brummel）、乔迪·卡彭特（Jordy Carpenter）、凯拉·埃斯特洛维奇-鲁宾（Kyra Exterovich-Rubin）、罗斯·格雷夫斯（Rose Graves）、桑德拉·卢克西克（Sandra Luksic）、J. J. 蒙卡斯（J.J. Moncus）、汉纳·里德（Hannah Read）、萨拉·斯库尔科（Sarah Sculco）、格斯·斯科尔伯格（Gus Skorburg）、瓦莱丽·孙（Valerie Soon）、杰西·萨默斯（Jesse Summers）和西蒙内·唐（Simone Tang）对本书初稿提出的建设性意见。

本书的出版计划得到了杜克大学巴斯关联活动（Bass Connections at Duke University）、社会科学研究委员会（Social Science Research Council）以及约翰·坦伯顿基金会（John Templeton Foundation）设立于康涅狄格大学（University of Connecticut）研究项目（编号为 58942）的慷慨资助。当然，以上这些资助者都不对本文中的任何观点负责。

译名对照表

in argument 证据与论证中带有怀疑
性回溯的证明
lack of 缺乏证据
trust in sources and 信任来源和证据
exaggeration 夸张
see also caricature 另见"讽刺夸张"
explanatory reasons 解释性的理由

F

Facebook 脸书
factual beliefs and issues 实际的信念和
议题
and values 实际的信念、议题与价
值观
fake news 假新闻
fallacies 谬误
ad hominem 诉诸人身谬误
affirming the consequent whilst denying
the antecedent 肯定后件式、否定前
件式谬误
ambiguity see ambiguity 歧义谬误，见
"歧义"
with appeal to authority 诉诸权威谬误
with appeal to ignorance 诉诸无知谬误
begging the question 乞题谬误
of composition 合成谬误
of division 分解谬误
equivocation 语义歧义谬误
of false cause 虚假原因谬误
of false dichotomy 虚假二分谬误
of false equivalence 虚假对等谬误
gambler's fallacy 赌徒谬误
genetic 起源谬误
of hasty generalization 轻率概括谬误

and intentional deception 谬误与故意
欺骗
of irrelevance see irrelevance 不相关谬
误，见"不相关"
overlooking conflicting reference classes
忽略相互矛盾的相关类谬误
slippery-slope arguments see slippery-
slope arguments 滑坡论证谬误，见
"滑坡论证"
suppressed premises 隐藏前提谬误
vagueness see vagueness in argument
含混谬误，见"论证中的含混"
false dichotomy 虚假二分
Fox News 福克斯新闻

G

gambler's fallacy 赌徒谬误
gays see homosexuality and gays 同性恋
者，见"同性恋和同性恋者"
generalization, statistical see statistical
generalization 统计概括，见"统计
概括"
global warming 全球变暖
gridlock 僵局
guarding terms 保护用语

H

Hartford, John, *Aereo-Plain* 约翰·哈特
福德《飞行平原》
hasty generalization 轻率概括
health costs 医疗费用
heuristics 启发法
Hitler, Adolf 阿道夫·希特勒
Holmes, Sherlock (Conan Doyle character)

269

R

race/racism 种族 / 种族主义

and Brexit 种族 / 种族主义与英国脱欧

rising racial tensions 种族紧张局势不断加剧

US travel ban from Muslim-majority countries 美国对穆斯林占多数国家的旅行禁令

xenophobia 外国人恐惧症

radical conversion 完全改变信仰

Rapport, Anatol 阿纳托尔·拉波波特

rules for social interaction 拉波波特社会互动法则

reasoning/reasons 推理 / 理由

abstract reasoning 抽象推理

ambiguous see ambiguity 充满歧义的推理，见"歧义"

and assumptions see assumptions 推理与假设，见"假设"

and beliefs 理由与信念

causal reasoning see causal reasoning 因果推理，见"因果推理"

conclusions see conclusions 结论，见"结论"

deduction see deduction 演绎，见"演绎"

and evidence see evidence 推理与证据，见"证据"

explanatory reasons 解释的理由

fallacious see fallacies 谬误推理，见"谬误"

justifying actions 证明行为合理的推理

misuse as weapons of war 把推理或理由作为武器误用

need to offer and demand 要求给出理由

premises see premises 推理前提，见"前提"

reason/premise markers 理由 / 前提标记

for refuting an argument 用于反驳论证的理由

and representativeness 推理与代表性

silencing 压制的声音

statistical application see statistical application 统计应用，见"统计应用"

statistical generalization see statistical generalization 统计概括，见"统计概括"

uncritical reasoning 缺乏批判性的推理

and vague language see vagueness in argument 推理与含混的语言，见"论证中的含混"

and Wason selection task 推理与华生选择任务

and wishful thinking 推理与一厢情愿地考虑问题

Reddit, "ChangeMyView" Reddit 网站上"改变我的观点"讨论版

reductio ad absurdum 归谬法

reference classes 相关类

refugees 难民

refuting arguments 反驳论证

by casting doubt on conclusions 通过怀疑结论反驳论证

by casting doubt on premises 通过怀疑前提反驳论证

by casting doubt that premises support conclusion 通过怀疑支持结论的前提反驳论证